U0243151

青岛出版社
QINGDAO PUBLISHING HOUSE

Wendy's Delicate Dessert

李雯茜（Wendy）○ 著

图书在版编目（CIP）数据

小心思甜点 / 李雯洁（Wendy）著. -- 青岛 : 青岛出版社，
2019.3

ISBN 978-7-5552-7299-1

Ⅰ.①小… Ⅱ.①李… Ⅲ.①甜食—制作 Ⅳ.
①TS972.134

中国版本图书馆CIP数据核字(2019)第034317号

书　　名	小心思甜点 XIAOXINSI TIANDIAN	
编　　著	李雯洁（Wendy）	
出版发行	青岛出版社	
社　　址	青岛市海尔路182号（266061）	
本社网址	http://www.qdpub.com	
邮购电话	13335059110　0532-68068026	
责任编辑	周鸿嫒	
特约编辑	张文静	
装帧设计	丁文娟　叶德勇	
照　　排	青岛乐喜力科技发展有限公司	
印　　刷	青岛乐喜力科技发展有限公司	
出版日期	2019年3月第1版　2019年3月第1次印刷	
开　　本	16开（710mm×1000mm）	
印　　张	13.5	
书　　号	ISBN 978-7-5552-7299-1	
定　　价	49.80元	

特别鸣谢：**FOR BAKE** 法焙客 为本书提供产品支持

编校印装质量、盗版监督服务电话：4006532017　0532-68068638

食若其人，心思美食。

初识 Wendy，给人印象秀外慧中，讲话细声细语。再看她朋友圈发的美食，透着一股灵秀而独特的时尚品位，将小心思融入到每个食谱中。除了怀旧之外，更多的是创新，最妙的是普通人也能轻松上手。

有一次聊天，不经意间问她有没有兴趣参加比赛，想不到她立马报名，并取得了好名次。因为这份坚持和热爱，她从烘焙爱好者成为烘焙老师。细心是她的特点，授课时所有过程步骤她都会教得清清楚楚，细到你会觉得她有点"啰嗦"，但她的初心是让你学会并驾驭自如。

这个特点在这本书里得到了充分体现，按照步骤来就可以轻松制作出美食，而且款款有新意，不会过时。我相信这个喜欢分享美食、热爱生活的人，在未来的日子里会把这份分享和热爱传播得更广更远！

干文华

2018 年春

干文华

. . . .

中国焙烤名师 | 全国技术能手
国家级高级西点技师
上海市现代食品职业技能培训中心校长
西式面点师国家职业技能鉴定考评员
上海市西式面点师职业技能竞赛裁判
全国职业院校在校生创意西点竞赛裁判
第十三至第十八届全国焙烤职业技能竞赛裁判
第二届、第三届亚洲西点竞技大赛中国赛区裁判
第四届全球烘焙大师赛中国赛区裁判
第六至第七届世界面包大赛中国赛区裁判
第四十四届世界技能大赛全国选拔赛糖艺 / 西点、烘焙项目裁判
2016 年被上海市政府授予"首席技师"称号，并于同年成立干文华上海市技能大师工作室
2017 年被上海市政府授予"上海工匠"和"五一劳动奖章"

2016 年我第一次来上海开和果子课程的时候，Wendy 就来参加了，之后也多次来我这里学习。上课的时候，Wendy 态度非常认真，给我留下了很好的印象。

此次听闻 Wendy 准备出版关于甜点和和果子的书籍，我非常开心。我研读了 Wendy 的书，书中的配方以及制作方法都体现了 Wendy 扎实的基本功，而且在设计上也体现出日本和果子的魅力，是一本非常精彩的食谱。从中国流传来的唐果子到日本演变成了和果子，现在在中国备受瞩目的和果子文化又通过中国友人的手开始了新的进化。本书不仅深刻理解了日本的和果子文化而且又保留了中国特色，就算放在日本的食谱书籍中来比较也是很优秀的。

对于尊重中日文化交流并愿做桥梁的 Wendy，请允许我表示敬意，并送上祝贺。

三崛纯一
· · · · · · · · · · · · · · · · · ·

日本甜点协会理事
和果子司第三代家主
"果道 – 果流"创始人
宗家家元

我是一名高级西点师，喜欢制作各类甜品，更愿将新式西点与传统西点结合，把食品美学巧妙地融汇到生活中。我也喜欢乐此不疲地折腾烤箱，因为它散发出的香味是幸福的味道，它来自最平凡的生活，却可以让你看见更多不平凡的精彩。

很多人认为我是专职的西点师，其实我是一个全职妈妈。最初是为了给孩子做早餐，经常从网上搜寻菜谱，那些巧手妈妈制作的西点引发了我对烘焙的兴趣，于是便添置了第一台烤箱，每天晒出早饭，和大家一起分享厨艺经验和烘焙心得。为了提升自己，我开始学习各种烘焙专业课程，每次学完总觉得圆满了，可是又会有更多新课程等你去学习，可以说兴趣给了我烘焙甜点的动力。现在也有学生跟随我学习烘焙，作为老师我会毫无保留地与他们分享知识，他们既是我的学生也是我的老师，每个人身上都有值得我学习的地方。

很多人不理解我为什么会喜欢烘焙，答案其实只有一个：烘焙能够给我带来快乐。

微信圈里的朋友见证了我的成长，当你完成一个作品与朋友一起分享；与志同道合的朋友一起以烘焙会友；用心去制作最健康的食物，给家人最好的回馈……那些与烘焙有关的点点滴滴的时光都是快乐的。

我希望坚守最初的信念，秉承一颗恒心为之努力，制作更多的美食与大家分享。

Wendy
· · · · · · · · · · · · · · · · · · ·

高级西点师 | 美食达人 | 美食撰稿人
第十七届全国焙烤职业技能竞赛银奖
全国婚礼蛋糕创意大赛铜奖

目录

第1篇 / 基础知识

第2篇 / 流行饼干

第3篇 缤纷蛋糕

第4篇 健康面包

第5篇
美味派挞

第6篇
小资美食

第 7 篇 / 冰品饮料

第 8 篇 / 和风小点

扫码看视频

扫码加入"就是爱烘焙"交流群，
烘焙大师不外传的私房烘焙秘籍分享给您！
20 款私房烘焙甜点，
扫码付费即可获得视频课程及电子教案。
还有Wendy等多位专业烘焙老师在线答疑及不定期的网红甜点课程分享哦！

❶ 香梨燕麦饼干

梨有润肺化痰、清热降火的功效。麦片是简单又营养丰富的早餐食材,把两者结合起来,能量满满,可帮助身体适应逐渐变冷的天气。

❷ 冰激凌曲奇

在传统曲奇的基础上把它们做成冰激凌形状,奶香味浓郁,温和又松软,咬一口掉一地渣儿。有原味、抹茶、可可三种经典口味!

❸ 美国大饼亚美尼亚脆饼

一款配方简单、制作方便的脆饼。像中国大饼一样,表面可以撒各种作料,虽然叫它美国大饼,但是世界各地的人们都在食用。

❹ 星空面包

最近国外有款很火的面包,有着星星和月亮的蓝色星空,是不是想到了某位大师的抽象画《星夜》?面包可是比画还抽象!

❺ 寒天冰蛋糕

高温天气,人都快热化了,更别提奶油蛋糕的融化速度了……美食总有治愈的力量,就用寒天冰蛋糕来拯救一下吧,夏天的大蛋糕非它莫属了。

❻ 巧克力蛋糕派

巧克力蛋糕派要用到黑巧克力,其特殊口感充满惊喜。依我的经验,做一盘是不够吃的!

❼ 富士山奶盖蛋糕

　　松软的日本抹茶戚风蛋糕，奶盖象征山顶常年冰雪覆盖。蛋糕蕴含茶香，搭配奶盖丝丝酸甜，口感妙极！

❽ 水果甜甜圈

　　和制作面包甜甜圈相比，做水果甜甜圈减少了揉面和发酵的时间，做起来更省事。

❾ 半模巧克力戚风蛋糕

　　半模制作戚风蛋糕是最简单、成功率也最高的做法之一，不用担心开裂和回缩，成品又松又软，口感细腻，巧克力味浓郁。

❿ 奶冻莲花抹茶蛋糕

　　这款蛋糕抹茶味道浓郁，仙气十足。夏季虽然短暂，但挡不住我们欣赏它的美好，错过了莲花，再不能错过莲花抹茶蛋糕哟！

⓫ 仙人球蛋糕

　　这款蛋糕在我的微博中阅读量超过20万！抹茶奶油包裹着猕猴桃，咬一口鲜嫩多汁，可可蛋糕软绵，几种味道搭配在一起，成就了和谐曼妙的口感。

⓬ 矿石糖

　　做自己爱吃的糖果，只需要按照配方做，没有难度。心中充满小期待。5天后，奇迹出现！

⑬ 爱心棉花棒棒糖

棉花棒棒糖，咬一口萌化你的心。
变换各种模具。从液体到一个个成型，享受这个神奇的过程吧！

⑭ 椰蓉蛋白小球

制作这款小球非常简单，仅需椰丝、蛋白和糖粉三种原料，成品椰香清甜，外酥内软，既有卖相又好吃，是一款百分百成功的甜点！

⑮ 草莓雪花酥

今年的网红甜点非雪花酥莫属，没别的，做雪花酥实在太简单了，几分钟就能吃上，不受工具和材料的局限。

⑯ 迷你香梨派

用香梨做个派。学会了方法，还可以换成苹果、草莓、蓝莓、芒果……每一种都可口动心，香酥诱人，冷热都好吃。

⑰ 巧克力夹心雪糕

小心思藏在雪糕的内心，只需要一瓶可可酱，想做什么形状自己搞定，完全满足了自己的玩心！

⑱ 和三盆糖

和三盆糖是高级日式点心的甜味原料，其香气幽淡，甜味适中，让日式点心多了些优雅温和和甘甜。

⑲ 抹茶白豆水羊羹

一道很著名的日式茶点，以豆类制成的果冻状食品。羊羹口味变化万千，但以白豆沙和抹茶的最普及，也最受欢迎。

⑳ 和果子樱花

和果子与其说是点心，不如说是日本传统艺术品，精致的造型表现了人们对食物之美的追求。

第 1 篇

基础知识

工欲善其事，必先利其器

烤箱

* 烤箱选择

烤箱在做烘焙时最常用到，对作品的影响也是最直接的。选择一个好的烤箱可以帮助你提升烘焙的成功率，能让复杂的事情变得更简单。

当你想入手一台烤箱时，不管出于什么考虑，一定要选择上、下火能分开调温的烤箱，且烤箱容量不宜过小。拥有一台采用上下独立温控的烤箱，你会发现可以做的食物非常多，在烤制过程中可根据具体情况选择不同的烤制方式：上、下火同时或者仅上火或下火，以使烘烤后的食物表面有完美的上色。烤箱容量大并不是为了一次性烤很多的蛋糕、面包，而是因为当你把模具放进烤箱的时候，你可能会纠结放上层靠近上火，蛋糕烘烤时一膨胀就碰到上管了，表面上色过度，放下层火又太大。所以对于普通用户来说，最起码应该拥有一个 28L 以上的烤箱，方能使烘烤的食物受热均匀。同样容积的烤箱，应尽量选择内胆较高的。

烤箱最好能拥有发酵功能，这对做面包的帮助很大，能满足烘焙中的一次发酵、二次发酵及其他更多面食的发酵需求，使发酵更快，提高效率和成功率。

越来越多的人喜欢在家做烘焙，烤箱也有了新的发展趋势，出现了蒸汽烤箱。这种烤箱在工作时，配置注水的装置，可纯蒸、纯烤，也可蒸烤结合实现高温蒸汽、蒸汽嫩烤等功能。和电烤箱比起来，蒸汽烤箱烹饪出的食物口感更好。用蒸汽烤箱制作出的法式面包膨胀完美，表皮金黄，内部组织气孔均匀。

* 烤箱使用

烤箱的品牌和大小都会影响到烤箱的温度，要根据烤箱的实际温度来调整烘烤温度与时间。烤箱使用前要进行预热，不同容积的烤箱，预热所需要的时间不同，容积越大，预热的时间就越长。由于打开烤箱的一瞬间烤箱内的温度会骤降，所以应把预热温度设置得比实际烘烤温度高 20℃，待预热结束再调回需要烘烤的温度。

不同烤箱，温度也有差异，因此在加热过程中要勤观察，防止温度过高或过低而导致食物烤焦或不熟。烘烤时尽量减少开关烤箱门的次数，每开一次烤箱门就应该把设定时间延长 1~3 分钟。

* 烤箱的保养

· 清洗烤箱的最佳时间是烤箱还留有余热的时候，用湿抹布擦洗烤箱内壁，然后倒掉烤盘中的残渣。

· 去除顽固污渍时，可将小苏打放入水中溶解，再用抹布蘸取擦拭污渍。即使烤箱内壁非常脏，也不能用钢丝球清洁，这样做会导致掉漆。另外，钢丝球上掉落的碎片与零件接触，也容易发生危险。

· 烤箱使用后会产生异味，可将咖啡渣或柠檬片在烤箱中放一晚，或将烤箱设置在150℃烘烤它们 15 分钟左右，即可去除异味。

基础工具

不锈钢打蛋盆　304 不锈钢材质，底部防滑硅胶，打发鸡蛋、奶油、黄油等时不易打滑，底部更稳。

小抹刀　可以将较小尺寸的面团或奶油表面抹平整。

发酵藤篮　利用藤篮帮助发酵，表面会形成纹路，需先在篮里撒粉避免粘连。

不粘雪平锅　融化奶油或煮沸其他材料时使用。

裱花袋和裱花嘴　裱花袋用于裱花或装入面糊时使用。裱花嘴的形状很多，以圆嘴和 8 齿的使用率最高。

量勺　一些较少的材料，如盐、酵母等直接使用量勺。

油纸　铺在烤盘上或是垫在模具内，有利于烘烤后脱模，不粘烤盘。

量杯　称重较多液体时用量杯来测量，以眼睛平视刻度为准。

刮板　用来切拌、整理、分割面团，或者刮起粘在桌面上的面团。

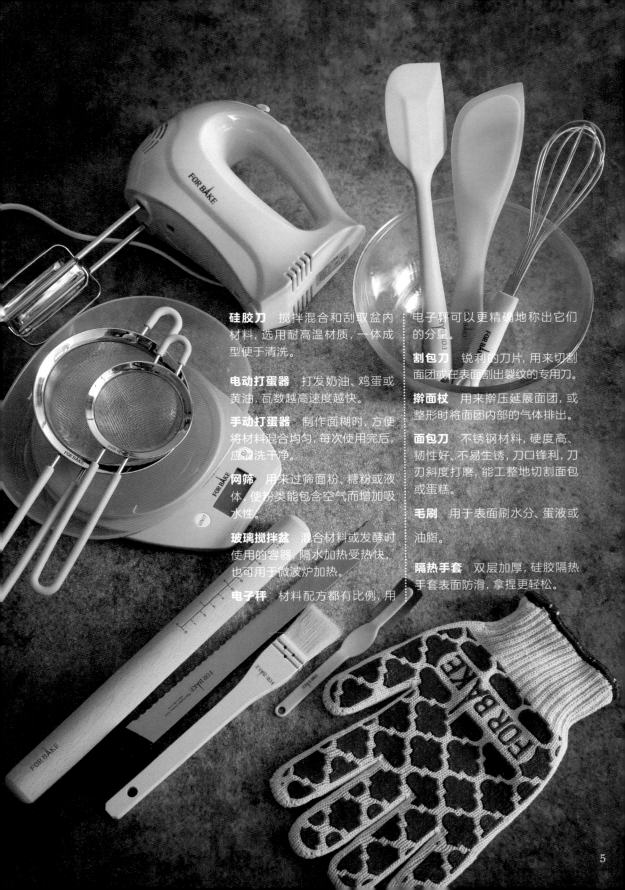

硅胶刀 搅拌混合和刮取盆内材料，选用耐高温材质，一体成型便于清洗。

电动打蛋器 打发奶油、鸡蛋或黄油，瓦数越高速度越快。

手动打蛋器 制作面糊时，方便将材料混合均匀，每次使用完后，应清洗干净。

网筛 用来过筛面粉、糖粉或液体，使粉类能包含空气而增加吸水性。

玻璃搅拌盆 混合材料或发酵时使用的容器，隔水加热受热快，也可用于微波炉加热。

电子秤 材料配方都有比例，用电子秤可以更精确地称出它们的分量。

割包刀 锐利的刀片，用来切割面团或在表面割出裂纹的专用刀。

擀面杖 用来擀压延展面团，或整形时将面团内部的气体排出。

面包刀 不锈钢材料，硬度高、韧性好、不易生锈，刀口锋利，刀刃斜度打磨，能工整地切割面包或蛋糕。

毛刷 用于表面刷水分、蛋液或油脂。

隔热手套 双层加厚，硅胶隔热手套表面防滑，拿捏更轻松。

基础模具

6 连长方形蛋糕烤盘

4 寸活底加高蛋糕模

6 寸活底加高蛋糕模

28cm×28cm 正方形不粘烤盘

8 寸正方形不粘蛋糕模

6 寸彩虹蛋糕模

6 连不粘麦芬蛋糕模

12 连玛德琳蛋糕模

6 连不粘甜甜圈模

25cm 长条不粘吐司盒

基础用料

* 粉类

高筋面粉

低筋面粉

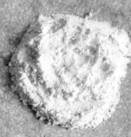
全麦粉

玉米淀粉

白砂糖

酵母

可可粉

抹茶粉

杏仁粉

糖粉

泡打粉

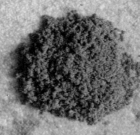
红糖

* 干果馅料类

麦片　　　　　　　　椰蓉

蝶豆花　　　　核桃仁　　　　巧克力

杏仁片　　　　提子干　　　　开心果

蔓越莓　　　　白芝麻　　　　黑芝麻

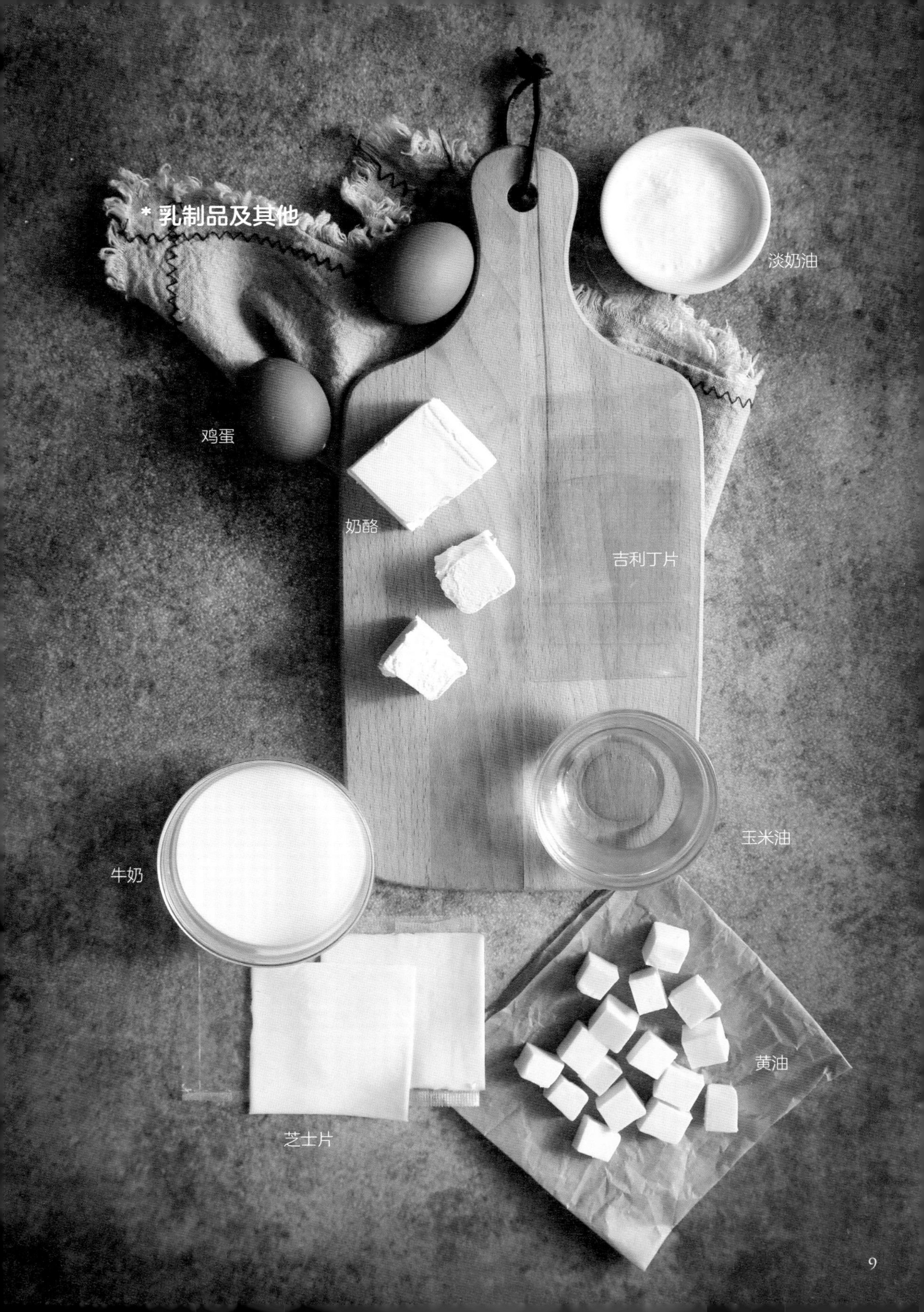
* 乳制品及其他
淡奶油
鸡蛋
奶酪
吉利丁片
玉米油
牛奶
黄油
芝士片

第 2 篇

流行饼干

做好饼干的小心思

1. 黄油如何软化？

大多数的饼干在制作时都会使用到黄油，而且需要提前软化，千万不可心急直接加热而使其呈液态。黄油软化过度，烤出来的饼干会改变形状，特别是曲奇，表面花纹会消失。

黄油软化更有助于其打发，打发至颜色变浅接近白色，而且很软时，就打发到位了。黄油冬天不易软化，可借助吹风机软化，或者把黄油装入保鲜袋，然后用擀面杖拍打至软。

2. 鸡蛋冷藏是不是更好？

鸡蛋要挑选中等个头的，最好是室温放置的。很多情况下打发黄油的时候会加入鸡蛋，如果是冷藏的鸡蛋，容易水油分离，会导致打发时间延长。

3. 烤饼干应该放在哪一层？可以两盘一起烤吗？

烤饼干通常放在烤箱中层，如果是 4 层的烤箱可以放在第三层。

由于加热管在烤箱上部和下部，如果两盘一起烤，同样的温度和时间，上层饼干上色更快，下层饼干很难烤熟，所以普通烘烤模式下不建议两盘一起烤。

4. 为什么按食谱做还是会烤煳？

饼干容易烤煳和饼干的大小以及距离加热管的远近有关系，越靠近加热管熟得越快。每个烤箱都有不同的"脾气"，可以根据其特性微调烘烤的温度和时间。另外，可使用不粘烤盘或垫油纸，以免饼干底部过早上色。

5. 如何保存饼干？

刚出炉的饼干偏软，只有待其彻底冷却后，酥、松、脆的特性才会显现，这时也是最佳的品尝时机。饼干冷却后在室温中也不能放太久，因为它们会吸收湿气而变软，需要装入密封容器才能保持酥脆口感，室温下可存放 10 天。

万圣节做什么饼干？脑子里想了一圈，最后停留在很丑但是内心却很柔软的曲奇上。这款曲奇饼干很有趣，外皮酥松，里面有着布朗尼的回味，好吃得让人停不下嘴。添加上眼睛，就是一款特别的万圣节甜点，让人过目不忘！

参考量
· · · · · · · · · · · · · · · · · ·
12块

小丑曲奇饼干

难易度：

饼干材料

可可粉 ....60 克

白砂糖 ....150 克

玉米油 ....55 克

全蛋液 ....110 克

中筋面粉 ....125 克

泡打粉 .... 1 小勺

盐 .... ¼小勺

糖粉 ....适量

糖霜材料

蛋白 ....7 克

糖粉 ....50 克

装饰材料

黑芝麻 .... 少许

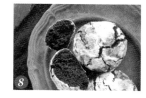

步骤

1. **做饼干。**可可粉、白砂糖、玉米油混合，用硅胶刀搅拌均匀。

2. 全蛋液分两次倒入，第一次拌匀后，再加入另一半。

3. 筛入面粉、泡打粉、盐,用硅胶刀拌匀，但不要过度搅拌。

4. 盖保鲜膜，放入冰箱冷冻 1 小时。

5. 面团变硬后取出称量，平均分成 12 份，分别滚圆后在糖粉里滚一圈，烤的时候糖会化掉一些，一定要多蘸糖粉。

6. 烤盘上垫油纸，放入饼干球，不需要压扁，每个球之间要留空隙，烤的时候会膨胀。放入烤箱中层，175℃烤12 分钟。

7. 刚烤完的饼干非常软，一定要晾凉后再从烤盘中取出。

8. 冷却后表皮酥脆，内心松软。

9. **做眼睛。**蛋白和糖粉混合，拌匀成浓稠的糊状，装入裱花袋（考虑到蛋白是生的，所以鸡蛋尽量挑选高品质的或者可以生吃的）。裱花袋剪小口，在饼干上画上眼睛，再放上黑芝麻即成。

参考量
·············
19片

　　几年前在西餐厅结识了迷迭香，很喜欢它的香味，虽然不太会做西餐，但我把它用在饼干上，延续了我对它的爱。

　　这款酥脆的饼干，采用了新鲜的迷迭香和柠檬的神奇组合，超级好吃，迷迭香的加入给人留下华丽的印象，余味也变得与众不同。

柠檬迷迭香饼干

难易度：🥄🥄🥄

🥣 材料

黄油...............100 克	盐.................¼小勺
白砂糖............45 克	低筋面粉.......142 克
蛋黄................1 个	蛋白.................1 个
新鲜迷迭香碎....2 克	装饰白砂糖.......适量
柠檬.................1 个	

小贴士

1. 迷迭香使用的是叶子，茎要去除，否则会影响口感。
2. 饼干可以按喜好做成其他形状。
3. 吃不完的饼干可放于保鲜盒中密封，室温保存两周左右。

🥣 步骤

1. 黄油软化后加入白砂糖，搅打至颜色变浅。

2. 加入蛋黄，搅打均匀。

3. 加入柠檬皮屑、迷迭香碎、盐，搅打均匀。

4. 筛入低筋面粉。

5. 揉成团，至没有干粉。

6. 搓成长条，用保鲜膜包裹后，放入冰箱冷冻 1 小时。

7. 去掉保鲜膜，切片，在每片的外圈刷上蛋白，然后放到装饰白砂糖的碗里，外圈蘸上白砂糖，再放到烤盘上。

8. 放入烤箱中层，190℃烤15分钟即成。

　　我大概是得了一种"每个月总有那么几天想吃曲奇"的强迫症。

　　一想到曲奇，立刻就会动手做。曲奇永远散发着让你尝一口就爱上它的魅力，它是简单而高雅的下午茶伴侣，口感酥松香甜，可可味道弥漫舌尖。

　　既然喜欢，有空就做几盘，不开玩笑，任何时候出品都是被立刻抢光的。

可可曲奇

难易度：／／／

🥣 材料

黄油.............125 克

糖粉.............50 克

蛋白.............30 克

低筋面粉.......130 克

可可粉.........15 克

盐..............1 小撮

小贴士

1. 面糊一定要分 2~3 次装入裱花袋，也就是⅓~½的裱花袋量，装得太满，挤花形会非常困难；握力不匀，会导致裱花袋被挤爆。

2. 如果做原味曲奇，只需把可可粉换成等量的低筋面粉即可。

3. 黄油一定要室温充分软化，如果融化成液体，会导致饼干花纹消失。

🥣 步骤

1. 低筋面粉、可可粉、盐混合，过筛备用。

2. 黄油室温软化后，加入糖粉，用打蛋器搅打至发白蓬松。

3. 加入蛋白，继续搅打均匀，防止水油分离。

4. 直到打发至蓬松。

5. 加入低筋面粉混合物，用刮刀翻拌均匀，即成曲奇面糊。

6. 8 齿花嘴装入小号裱花袋，再装入曲奇面糊，每次装入的量在裱花袋⅓~½的位置。烤盘上铺油布或油纸。

7. 在烤盘上挤出曲奇面糊，放入烤箱，中层 170℃烤 16~18 分钟。烤好的饼干冷却后装袋密封，室温保存。

意式脆饼，即"Biscotti"，是一种深受意大利人欢迎的饼干。在意大利语中，"Biscotti"是两次烘焙的意思，意式脆饼是需要经过两次烘烤而成的。意式脆饼最大的特点就是香、脆、硬，它利于储存，是意大利人度假时必备的小点心。

参考量
....
34.5cm×24.5cm
13寸烤盘
2盘约25片

香橙核桃意式脆饼

难易度：／／／

🥣 材料

低筋面粉.......250 克	细砂糖 ....55 克	黄油...............75 克
全麦粉 ....90 克	橙子..................2 个	橙汁............. 4 大勺
泡打粉 .... 2 小勺	核桃仁 ....40 克	
盐 .... ¼小勺	鸡蛋..................2 个	

🥣 步骤

1. 橙子洗净，擦出橙皮屑待用。

2. 两种面粉、泡打粉、盐、细砂糖混合，搅拌均匀。

3. 倒入橙皮屑和烤好的核桃仁（生核桃仁需用烤箱 180℃烤 5 分钟）拌匀，待用。

4. 黄油隔水融化成液体，加入全蛋液和橙汁拌匀。

5. 黄油液倒入面粉混合物中。

6. 揉成无干粉的面团（如果觉得偏干，可以再加适量橙汁）。

7. 面团分成两份，揉成有弧度的形状，面团表面有些裂纹是正常的。放在垫好油纸的烤盘上，放入烤箱中层，180℃烤 25 分钟。

8. 取出晾几分钟后切片（热的时候容易切碎）。

9. 再次放入烤箱 180℃烤 10 分钟，翻面再烤 8 分钟即可。冷却后口感更佳。成品吃不完可以密封起来，室温保存即可。

参考量

....

34.5cm × 24.5cm
13 寸烤盘 2 盘

　　不知从什么时候起,圣诞节的气氛比年味还重,商场都早早摆上了圣诞树,
忙着圣诞促销。各个蛋糕店也推出了圣诞蛋糕、姜饼屋、姜饼等。

　　可是我不喜欢姜味,连尝都不敢尝,还是应景做个无色素又好吃的牛乳夹
心饼干吧,散发着浓浓的黄油和牛奶的香味,简单好做,还可以做出各种形状,
一样给节日增加欢乐气氛!

圣诞牛乳夹心饼干

难易度：

🥄 饼干材料

黄油.............160 克	低筋面粉.......298 克
糖粉.............68 克	盐...............¼小勺
全蛋液...........50 克	泡打粉.........1 小勺

🥄 馅料

奶粉..............70 克

炼乳..............65 克

🥄 装饰材料

巧克力............适量

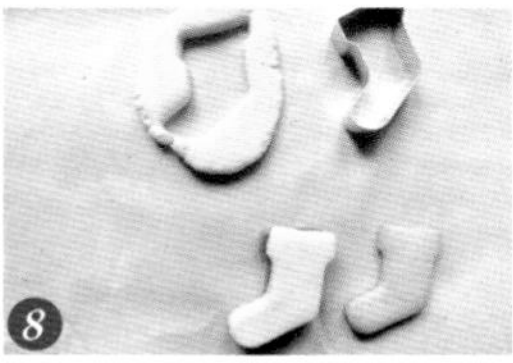

🥄 饼干坯步骤

1. 黄油软化后，加糖粉打发至蓬松。

2. 加入全蛋液，充分打发至呈羽毛状的蓬松状态。

3. 筛入低筋面粉、盐、泡打粉，揉匀成团。

4. 盖保鲜膜，放入冰箱冷藏 1 小时。

5. 取一个保鲜袋剪开，将面团夹在保鲜袋中间擀平，用模具刻出形状。

6. 饼干坯放入烤盘中（因为要做夹心饼干，每种造型都要做两个），放入烤箱中层，180℃烤 15 分钟。

🥄 馅料步骤

7. 把炼乳和奶粉混合，揉成团。

8. 馅料团垫在油纸上擀平，用模具刻出形状，夹在两片饼干中间。巧克力融化后装在裱花袋中，在饼干上画出喜欢的图案即可。

夏天总想着做点下饭菜。没有胃口的时候，金沙粉便成了全家喜爱的下饭菜。

说到这里，不得不提我们民族的特产——咸鸭蛋，它不仅拯救了大家的胃，也让我们的餐桌变得更丰富。

但是天天吃咸鸭蛋也会腻，所以我就做了一款万能的下饭神器——金沙粉。自从有了它，感觉做菜都变得简单了，金沙豆腐、金沙玉米等，随手放一把，鲜味十足。

用金沙粉做金沙软曲奇，醇香咸甜，回味无穷，就算是简单的食材也有特别的口感！

金沙曲奇

难易度：🥄🥄🥄

🥄金沙粉材料

咸蛋黄 ....20 个

奶粉................22 克

🥄曲奇材料

低筋面粉 ....96 克
杏仁粉 ....75 克
细砂糖 ....45 克
可可粉 ....6 克

黄油................65 克
鸡蛋.................1 个
金沙粉 ....15 克

🥄金沙粉步骤

1. 咸蛋黄放入烤盘，再放入烤箱中层，150℃烤 10 分钟。

2. 取出过筛。

3. 筛入奶粉拌匀。

4. 混合物在烤盘中铺开，放入烤箱中层，50℃低温烘烤 50 分钟，冷却后装入保鲜盒，密封保存。

🥄金沙曲奇步骤

1. 低筋面粉、杏仁粉、细砂糖、可可粉混合。

2. 加入从冰箱取出的切成小块的黄油。

3. 用手搓成碎屑状。

4. 加入一个鸡蛋拌匀，混合成团。

5. 分成每个 15 克的小剂子，并搓圆。

6. 用擀面杖将每个圆球压出凹槽。

7. 凹槽中放入 ½ 小勺金沙粉，放入烤箱中层，160℃烤 15 分钟。

Time Traveler / Volume 02   3

第一眼看到翻糖饼干就迷上了，发现制作美的东西都需要花点心思。看到一个个漂亮的造型在手中诞生，无比欢喜。

翻糖饼干的制作比糖霜饼干相对简单些，很多都是由模具完成的，你只需要把它们完美地摆放。手会越练越巧，手艺这东西，练好了就是自己的。

婚礼翻糖饼干

难易度：🥄🥄🥄

🥄材料

低筋面粉......298 克

黄油............160 克

糖粉..............68 克

盐 ....¼ 小勺

全蛋液..........50 克

泡打粉.........1 小勺

白色翻糖.......200 克

玉米淀粉.........适量

粉色食用色素...少许

金色食用色素...少许

婚纱步骤

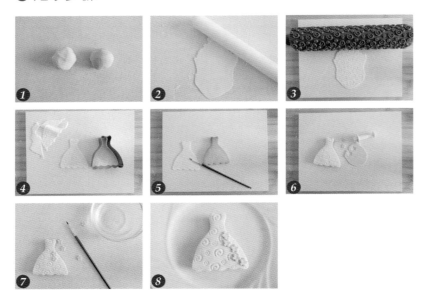

1. 饼干制作参考 P.31 福字糖霜饼干。翻糖分成两份，其中一份加入食用色素做成粉色，放在保鲜膜中包紧。使用时，切割下来的翻糖要随时包好，因为翻糖干得非常快。

2. 案板撒适量玉米淀粉防粘，白色翻糖放于上面，用不粘擀面杖擀成约 1 毫米厚。

3. 用花纹擀面杖在翻糖表面压出纹路。

4. 用模具将翻糖刻成裙子形状。

5. 翻糖反面蘸少许水，然后覆盖在饼干上。

6. 取粉色翻糖擀薄，用压花模具压出小花。

7. 小花反面蘸少许水，贴在裙子上。

8. 完成的成品。

镜框步骤

1. 依次在其他饼干表面贴上翻糖。

2. 白色翻糖搓成长条后弯起，长度是镜框的大小。

3. 翻糖放入硅胶模具中压平，多余部分用小刀切去，从模具中取出后，反面蘸水贴在饼干上。

4. 用蝴蝶弹簧压模在白色翻糖皮上压出蝴蝶图案。

5. 蝴蝶上涂上金色食用色素。

6. 蝴蝶对折，底部蘸水放入镜框中。

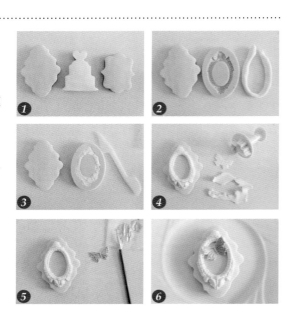

🥄 蛋糕步骤

1. 用金色食用色素在翻糖皮上画出线条。

2. 粉色翻糖皮擀薄，用模具刻出心形。

3. 用小刀切去多余部分，心形翻糖皮蘸水覆盖在饼干上。

4. 白色翻糖皮擀薄，用弹簧压模压出小花形状，贴在饼干上。

5. 小花用金色食用色素画出颜色。

6. 最后的成品。

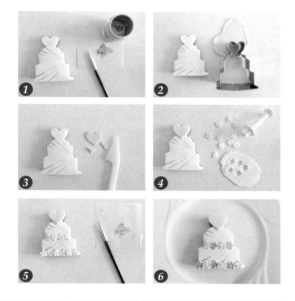

🥄 人像步骤

1. 白色翻糖搓圆，放入硅胶模具中。

2. 压紧翻糖，多余部分用小刀切去。

3. 脱模，反面蘸水贴在饼干上。

4. 用金色食用色素画出颜色。

5. 待色素干透后将饼干装袋。

小贴士

制作过程中如果嫌粘，手上可以抹少许白油。

你在春节送礼，送得最多的是不是水果补品之类呀？不备点礼总是不合适，但千篇一律也着实尴尬，不如玩点新花样。

说到花样首选糖霜饼干，把它作为新年礼物最应景了，好看又容易保存，最能让人记得的礼物估计就只有它了，红红火火又吉利。

糖霜饼干不仅颜值高，用处也多：满月礼、节日伴手礼、婚礼……各种喜庆日子都有它的身影。

福字糖霜饼干只用到一个模具，糖霜颜色也少，适合新手练习。

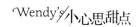
福字糖霜饼干

难易度：✏ ✏ ✏

🥣 饼干材料

低筋面粉.......298 克	盐 ....¼ 勺
黄油............160 克	全蛋液...........50 克
糖粉..............68 克	泡打粉.............1 勺

🥣 饼干坯步骤

1. 黄油软化后加糖粉，打发至蓬松。

2. 加入全蛋液，充分打发至呈羽毛状的蓬松状态。

3. 筛入低筋面粉、盐、泡打粉，揉匀成团。

4. 面团盖保鲜膜，放入冰箱冷藏 1 小时。

5. 剪开保鲜袋，将面团夹在保鲜袋中间擀平。

6. 用模具刻出形状。

7. 用吸管将饼干坯戳两个洞，放入垫好油纸的烤盘中，再放入烤箱中层，180℃烤 15 分钟。

小贴士

1. 余下的面团可以继续揉匀，放在保鲜袋中擀平。

2. 平时可以多做些面团，擀平后放于保鲜袋中冷藏，可以放一周，随用随取。

3. 如果做可可味的饼干，可用 10 克可可粉替换等量低筋面粉。

🥣 糖霜材料

蛋白粉 ....15 克

温水...............25 克

糖粉.............145 克

🥣 糖霜步骤

1. 蛋白粉加温水搅拌均匀，至没有颗粒。

2. 筛入糖粉拌匀，再用打蛋器打发至蛋白霜拉出直尖角，此时的糖霜称为拉线糖霜。

3. 取适量拉线糖霜，加液体色素拌匀，变成各色拉线糖霜。

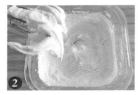

4. 再加入少许水，搅拌糖霜至呈流动状态。用勺子提起糖霜，在表面画出牙签粗细的线条，糖霜在 10 秒左右流淌平整，称为铺底糖霜。如果做白色铺底糖霜，可以省略第 3 步。

5. 装入裱花袋备用。

小贴士

1. 拉线糖霜可以装入保鲜盒，放入冰箱冷藏 1 周左右。
2. 加过水的铺底糖霜当天必须用完，隔天水和糖霜会分离。
3. 糖霜暴露在空气中会变得干硬，所以在使用中一定要随时加盖保存。
4. 拉线糖霜可以直接加色素调制成各色拉线糖霜。
5. 做铺底糖霜前，先加入色素调到需要的颜色后再加水，因为色素也是液体，如果加得多，最后加水时可以少加些。

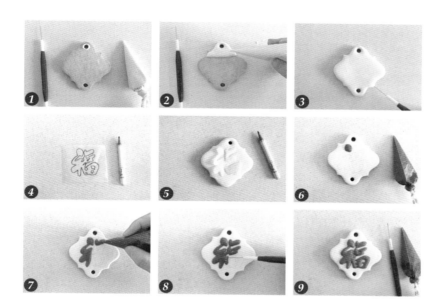

🥄 福字糖霜饼干步骤

1. 先用白色铺底糖霜围着饼干上的洞画个圈。

2. 再填充整块饼干。

3. 若糖霜表面有气泡或者边缘不整齐，可用针来调整。将糖霜饼干放置室温晾干，或者放于烤箱中 40℃烘干 1 小时，直到糖霜表面干硬。

4. 用食用铅笔在油纸上写出福字。

5. 用剪刀把福字剪下来，放于糖霜饼干上，用食用铅笔在饼干上画出轮廓。

6. 红色铺底糖霜装入裱花袋，剪 2 毫米的口，在"福"字中填充满糖霜。

7. 按福字轮廓仔细地填满糖霜。

8. 细小处可以用针来辅助完成。

9. 完成后置于室温晾干，或者放入烤箱 40℃低温烘干。完全晾干后再穿绳。

每次约朋友来家里玩，就盼着朋友能给我支着儿玩点什么新花样。自从会做糖霜饼干，大家的游戏项目就变成了一起做饼干。每次朋友们问需要带点什么食材时，我都说只需要她们带着耐心就好！

制作镂空糖霜饼干就是个需要耐心的活，糖霜画线比较慢，而且手不能抖，要一点一点画。

大家边喝咖啡边聊天，再优雅轻松地画个饼干，这是再惬意不过的聚会时光了。

镂空糖霜饼干

难易度： ///

🥣 饼干材料

低筋面粉 ....298 克　　盐 .... ¼小勺

黄油 ....160 克　　全蛋液 ....50 克

糖粉 ....68 克　　泡打粉 .... 1 小勺

🥣 糖霜材料

蛋白粉 ....15 克

温水 ....25 克

糖粉 ....145 克

🥣 步骤

1. 糖霜和饼干制作参考福字糖霜饼干的步骤，饼干切割用到两个模具，切成中空的饼干。

2. 在烘焙纸上沿着两个模具描出轮廓，在圆形中画出喜欢的镂空图案。

3. 拉线糖霜（做法见 P.32）装在裱花袋中，在烘焙纸上画出图案线条。

4. 所有内圈画完，再画外圈线条。

5. 待完全干透后剥下糖霜片。

6. 在糖霜片反面挤上拉线糖霜，然后把它贴在饼干上，并用食用铅笔在饼干上画出图案。

7. 用铺底糖霜将图案填满。

8. 用拉线糖霜在外圈画装饰圆点。

9. 镂空糖霜片四周也用拉线糖霜画上小圆点。

10. 在最上层的糖霜上用铺底糖霜画出水滴。作品完成后放烤箱，用40℃低温烘干 1 小时左右。

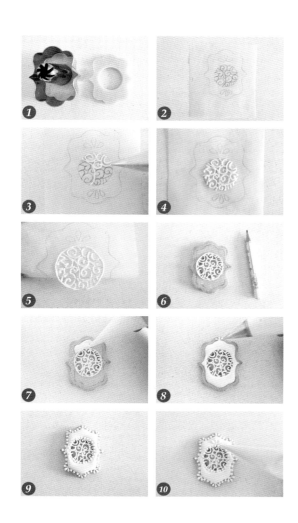

第 3 篇

缤纷蛋糕

制作蛋糕的小心思

1. 鸡蛋如何打发?

　　鸡蛋的打发分为蛋白打发和全蛋打发。蛋白打发后能拉出弯的尖角,称为湿性发泡;继续打发到能拉出一个直立的尖角,称为干性发泡。经过搅打的蛋白含有许多空气,体积也会增大,从而使得烘焙后的蛋糕更加蓬松。需要注意的是,打发至干性发泡就要停止打发,如果打发过度形成棉絮状,就会导致蛋糕烘焙失败。

　　全蛋打发比单独打发蛋白的时间更长,40℃左右最容易打发,因此烘焙师常将打蛋盆放在热水里打发。全蛋液打发后变得浓稠,提起打蛋器,在蛋糊表面画出纹路不会马上消失,就完成了打发。

2. 面糊如何翻拌?

在制作蛋糕混合面糊的时候，翻拌手法特别重要，正确的翻拌可以减少蛋液消泡，也是制作成功的前提。翻拌是指用硅胶刮刀将面糊从底部快速翻起，千万不要画圈。

面糊制作好后要尽快入模烘烤，若不及时，面糊可能消泡导致体积变小，烤出的蛋糕组织会粗糙。

3. 做蛋糕可以减糖吗?

打发蛋液时加入糖，可以使打发的气泡更稳定，蛋糕容易膨胀长高，随意减糖可能导致消泡，蛋糕回缩。另外，糖是天然防腐剂，含糖量越高的蛋糕保存时间越长，低糖和无糖蛋糕更容易变质。所以想减糖的话一定要在保证成功的基础上再稍微进行调节，这样既不影响成功率，也能将甜度调节到个人喜欢的口味。

参考量
· · · · · · · · · · · · · · · ·
9 个

记得我做的第一个蛋糕就是麦芬,当时只觉得它制作简单,并不知道麦芬是什么口感。

虽说食不厌精,但是简单的食谱总让人跃跃欲试。就比如这款柑橘麦芬,制作简单易上手,几乎没有难度。糕体用料丰富,柑橘烤过后才会觉得味道浓郁,配在一起却异常和谐,让扎实的麦芬又多了一份清新。

如果当季买不到柑橘,用甜橙替代也可以。

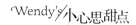

柑橘开心果麦芬

难易度：/ / /

🥣 材料

柑橘................3 个	黄油.............120 克	糖粉.............110 克
泡打粉.........2 小勺	黑芝麻.........1 大勺	鸡蛋.................4 个
盐...............¼ 小勺	低筋面粉......300 克	开心果...........80 克

🥣 步骤

1. 柑橘去皮约 250 克，每片掰开去子，切成 3 块，待用。

2. 低筋面粉、泡打粉、糖粉一起过筛，再加入盐，混合拌匀。

3. 黄油隔水化开，加入全蛋液搅打均匀。

4. 将蛋液倒入面粉中拌匀。

5. 倒入⅔开心果和¾黑芝麻拌匀（黑芝麻提前用烤箱 150℃烤 5 分钟）。

6. 留出一部分柑橘做装饰，剩下的全部倒入面糊中，搅拌均匀。

7. 面糊非常厚，用勺子舀到纸杯中，共 9 个。

8. 蛋糕糊表面放上剩余的柑橘、开心果、黑芝麻装饰，用手轻压柑橘（烤的时候面糊膨胀，会把柑橘顶到面糊边缘）。放入烤箱中下层，180℃烤 30 分钟取出。将牙签插入蛋糕，牙签上没有蛋糕屑粘连，就说明蛋糕烤熟了。

有个专业偷师好几年的小伙伴带来了火龙果，美其名曰来看我，其实是让我给她支着儿做七夕伴手礼。就地取材，拿火龙果做个心形蛋糕吧。

火龙果营养丰富，含有一般植物少有的植物性蛋白以及花青素，味甜多汁。果肉除了白色外还有红色的，这可是天然的色素，用在蛋糕上别有风味。

这款蛋糕表面呈现出梦幻的粉色，咬一口露出蛋糕原色，淡淡的果香犹如恋爱般的感觉，趁着七夕尽情做吧！

参考量
....
8个

火龙果心形蛋糕

难易度：／／／

材料

鸡蛋..................3 个　　火龙果肉.........50 克　　低筋面粉.......120 克

细砂糖 ....65 克　　柠檬汁 .... 1 小勺

牛奶...............20 克　　玉米油 ....30 克

步骤

1. 将火龙果肉和牛奶混合，打成果泥。

2. 倒入玉米油拌匀。

3. 将鸡蛋、细砂糖、柠檬汁放入碗中。

4. 用电动打蛋器打发至表面划过蛋糊有印子并且不会马上消失时，再低速打2 分钟，整理气泡。

5. 筛入低筋面粉，用硅胶刀拌匀。

6. 将火龙果泥再次搅拌均匀，倒入面糊中，用硅胶刀翻拌均匀，注意不要多搅拌，防止消泡。

7. 面糊装入烤盘 9 分满，震几下烤盘排出气泡。放入烤箱中下层，150℃烤20 分钟，取出后立即脱模冷却。

这款玛德琳我吃了好几年，还拿着它分给我的烘焙老师们品尝，她们说杏仁粉很香，有盐黄油味道浓郁，膨胀得非常到位。被老师们表扬，心里比吃了蜜还甜呢！

日式玛德琳是玛德琳系列中难度最低的蛋糕。说是简单，也有一些技巧，越是简单的美食越是考验食材。对于这款玛德琳来说，粉的选择是关键，美国杏仁粉细腻，法国低筋面粉吸水量高，有盐黄油奶香浓郁，为玛德琳增加了新的风味。相比基础玛德琳，它的口感丰富，润而不干，怎么会不好吃呢？

参考量

6个

日式玛德琳

难易度：🥄🥄🥄

🥄 材料

蜂蜜.................4 克	杏仁粉 ....7 克	牛奶...............18 克
60℃热水..........6 克	玉米淀粉..........3 克	鸡蛋..................1 个
低筋面粉.........50 克	奶粉.................3 克	白砂糖...........47 克
泡打粉.............1 克	有盐黄油........38 克	

🥄 步骤

1. 蜂蜜加 60℃热水调匀，待用。

2. 将牛奶和切成小块的黄油放入微波炉，用高火打半分钟，使之化成黄油牛奶液待用。

3. 全蛋液加白砂糖，隔热水用电动打蛋器打发至浓稠时离开热水，然后加入蜂蜜水，继续搅打。

4. 搅打至蛋液滴落的纹路不会很快消失时，全蛋液便打发好了。

5. 将低筋面粉、泡打粉、杏仁粉、玉米淀粉、奶粉混合，筛入打发好的全蛋液中，用硅胶刀翻拌均匀。

6. 倒入黄油牛奶液，翻拌均匀。

7. 将调好的面糊装入裱花袋，放冰箱冷藏 20 分钟。

8. 将冷藏好的面糊取出，挤入模具至 8 分满，震几下烤盘以便排出气泡，放入烤箱中层，170℃烤 12~15 分钟。烤至表面开始上色立马取出，脱模冷却。

樱桃上市的季节，用它来做迷你蛋糕，一口一个，每个都是浓郁和新鲜的组合。蛋糕酥软樱桃香甜，我喜欢这种小蛋糕，做起来很快很简单，适合下午茶的时候吃。

用小模具制作缩短了烘烤时间，最大程度上锁住了樱桃的水分，使得樱桃外形不被改变。

樱桃季里做起来吧！

参考量
....
20 个

迷你樱桃杏仁蛋糕

难易度：

材料

黄油...............50 克   低筋面粉.........20 克

蛋白...............50 克   杏仁粉............20 克

细砂糖............40 克   黄油 (涂模具)..适量

小贴士

1. 杏仁粉不太好过筛，所以需要用硅胶刀按压粉粒来完成。
2. 烘烤时间根据模具大小决定，如果模具偏大，需要适当延长时间。
3. 最后放上樱桃时，不需要按压，烤的时候它会自己沉到底部。

步骤

1. 适量黄油软化，用刷子刷在模具内壁，将模具放入冰箱冷藏。

2. 黄油隔热水融化成液体，待用。

3. 蛋白中加入细砂糖，用手动打蛋器搅打至颜色发白有粗泡的状态。

4. 分别筛入低筋面粉和杏仁粉。

5. 用手动打蛋器拌匀至没有颗粒。

6. 倒入融化的黄油，搅打均匀至浓稠的状态。

7. 将面糊装入裱花袋，剪小口，挤入模具，至 6 分满。

8. 面糊顶端放上樱桃，然后放入烤箱中层，180℃烤 12 分钟。

六味磅蛋糕

难易度：

　　磅蛋糕是一种重油蛋糕，既传统又不乏新意，是新手入门级的烘焙甜点。加泡打粉制作是常见的方式，但有些人不喜欢。现在我们只要把每步的糖化、乳化充分做到位，就可以不用泡打粉。

　　一份面糊就可以做六种口味的磅蛋糕，好吃且充满能量，一片片停不下来，抹茶味、柠檬味、可可味、核桃味、蔓越莓味、红茶味全部到碗里来！被这些口味轮番轰炸，你的味蕾准备好了吗？

参考量
....
6个

🥄 材料

低筋面粉.......280 克	抹茶粉 .... ½ 小勺	核桃碎 ....14 克
黄油.............300 克	可可粉 .... 2 小勺	柠檬汁 .... ½ 小勺
糖粉...........240 克	红茶碎 .... ½ 小勺	柠檬皮屑 ....2 克
全蛋液 ....280 克	蔓越莓干........15 克	杏仁片 ....适量

🥄 步骤

1. 黄油软化，加入糖粉，打发 5 分钟左右至蓬松、颜色发白，使黄油和糖粉充分融合。这步糖化是磅蛋糕口感细腻的关键。

2. 分 4 次加入全蛋液，每次都要充分搅拌使蛋液与黄油完全融合乳化，打发至蓬松后再添加下一次全蛋液。

3. 筛入低筋面粉。

4. 用硅胶刀拌匀至没有干粉。

5. 面糊分成 6 份，分别加入可可粉、抹茶粉、红茶碎、柠檬汁和柠檬皮屑、蔓越莓干、核桃碎，搅拌均匀。核桃面糊可以少 10 克，因为加入核桃后面糊体积会增大。

6. 用勺子把不同的面糊舀到 6 个模具中，表面用勺子整理平整。核桃面糊表面再撒适量杏仁片作装饰。

7. 烤盘放入烤箱中下层，170℃烤 40~45 分钟。当烤制到 15 分钟时取出，烤箱门即刻关紧保温。用刀在每个蛋糕中间划一刀，每划一次，刀都要蘸水擦干净。将蛋糕继续放入烤箱，时间不用调整，烤完倒出蛋糕，切片食用。

小贴士

1. 蔓越莓干提前 15 分钟用开水或朗姆酒泡软，吸干水。
2. 红茶碎用的是红茶包，倒出直接使用。
3. 因加入核桃体积会增大，所以添加核桃的那份面糊可减少 10 克。
4. 可用牙签插入烤好的蛋糕里检验蛋糕是否烤熟，没有粘连就说明熟了。
5. 磅蛋糕做完当天不吃的话，可以用 40 克水加 15 克糖煮化成糖水，冷却后刷在热蛋糕上，刷完用袋子装起来，隔天吃或者放三天，味道都很好。

这款松软的蛋糕表面撒满了杏仁片和素肉松。每一口都有素肉松，馅料足到过瘾，甜中带咸，味道超棒！

素海苔肉松小蛋糕

难易度： ✎ ✎ ✎

参考量
....
10 个

🥣 材料

鸡蛋.................3 个　　　玉米油............45 克

白砂糖...........75 克　　　素海苔肉松.......适量

低筋面粉........75 克　　　杏仁片.............适量

🥄 步骤

1. 鸡蛋加白砂糖，打发至划过蛋液表面有痕迹，并且不会马上消失。

2. 筛入低筋面粉，用硅胶刀拌匀至没有干粉。

3. 倒入玉米油拌匀。

4. 在纸杯中依次放入一大勺面糊。

5. 再依次放入适量的海苔肉松。

6. 然后再加一层面糊、一层海苔肉松、一层面糊，最后表面撒上海苔肉松和杏仁片，放入烤箱中下层，160℃烤 25 分钟。

进入寒冷的冬天，只要把高热量的食物都吃进肚子里就不怕冷了。吃货的逻辑就是这样简单又实际！

于是诞生了最酷的南瓜、香蕉、红糖、芝士、黄油的能量甜点组合！

外形如磅蛋糕，口感却不同，芝士层犹如布丁般绵密，蛋糕层充满着浓郁的南瓜和香蕉的香甜味，就像尝到了冬日里的一抹阳光，温暖又惬意。

参考量

....

24.5cm × 14.5cm
磅蛋糕 1 个

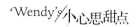

南瓜芝士蛋糕

难易度：／／／

🥄 蛋糕材料

香蕉............170 克	黄油..............78 克
红糖.............40 克	中筋面粉.......195 克
白砂糖..........30 克	泡打粉.........1 小勺
南瓜............130 克	苏打粉.........½小勺
鸡蛋.................1 个	

🥄 芝士材料

奶酪.............170 克
白砂糖..........25 克
中筋面粉.........40 克
鸡蛋.................1 个

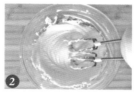

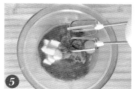
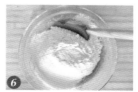

🥄 步骤

1. **做南瓜泥。** 南瓜切小块，放入碗里，盖保鲜膜，用牙签扎几个小洞，放入微波炉高火转 2 分钟，取出后用勺子将南瓜碾压成泥。

2. **做芝士面糊。** 奶酪加白砂糖打至蓬松，再加 1 个鸡蛋打匀。

3. 筛入中筋粉，拌匀成芝士面糊，待用。

4. **做蛋糕。** 香蕉、红糖、白砂糖混合，用料理机打成香蕉泥。

5. 加入南瓜泥、软化的黄油打匀，再打入室温存放的鸡蛋，搅打均匀。

6. 筛入中筋粉、泡打粉、苏打粉。

7. 用硅胶刀拌匀。

8. 一半的蛋糕面糊倒入模具中，抹平。

9. 接着倒入全部芝士面糊，抹平。最后再把剩下的蛋糕面糊全部倒入，抹平。放入烤箱中层，180℃烤 70 分钟，出炉冷却切片。

　　自从喜欢上了烘焙，过节走亲戚总喜欢带上亲手制作的糕点作为伴手礼，可是冬天如果送个冰冷的奶油蛋糕，蛋糕再美都没有心情吃。所以我要做一个不需冷藏又不会融化的蛋糕！只要准备好材料，一切都变得很轻松，比起做奶油蛋糕来，制作时间也变短了。

　　寒天粉在中式、日式糕点中用得较多，把它做成水晶层，蛋糕和水晶层搭配，不仅美味可口，选型上也别出心裁。咬一口，完美！

参考量

直径 17cm
6 寸蛋糕 1 个

可可水晶蛋糕

难易度：🥄🥄🥄

🥄 材料

全蛋液 ....197 克	水 ....700 克	白砂糖（全蛋液用）
白砂糖（寒天粉用）	低筋面粉 ....128 克	....................20 克
....................150 克	水饴 ....8 克	草莓..............适量
可可粉 ....12 克	黄油................35 克	柠檬..............适量
牛奶 ....54 克	寒天粉 ....8 克	

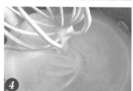

🥄 步骤

1. **做水晶果冻**。模具外包锡纸。寒天粉加白砂糖、水，入锅煮沸取出，中间搅拌一次。将寒天液的一半倒入模具中，另一半留着做夹层。

2. **快速放入水果**。室温 15 分钟左右开始凝固，大约 30 分钟可以脱模，放置在盘中（如果放入冰箱冷藏则更快）。锅中另一半寒天液重新加热至融化后，倒入模具，并放入草莓，至凝固脱模。

3. **做蛋糕**。黄油加牛奶，微波炉高火 1 分钟至化开，取出待用。

4. 全蛋液加白砂糖、水饴打发至表面划过蛋糊有印子但不会马上消失，再低速打 2 分钟，整理气泡。

5. 筛入低筋面粉和可可粉拌匀。

6. 倒入黄油糊拌匀。

7. 倒入 6 寸模具，放入烤箱中层，160℃烤 40 分钟。

8. 取出，冷却后脱模。

9. 将蛋糕切片，组装。

　　有些人要吃可可蛋糕，有些人又要吃香橙的，索性一起做了，反正都好吃，不想错过。

　　这款蛋糕绵密、湿润、柔软，散发着浓郁的香气，而且材料都是纯天然无添加，真正的好吃不腻。吃一口还没尝出味道，就在嘴里融化了，喜欢它可以吃到撑。

　　享用瞬间，蛋糕会散发出特有的香味，让人感到无比幸福。

🥄 蛋糕材料

蛋黄	75 克	橙汁	80 克
玉米油	45 克	低筋面粉	85 克
蛋白	189 克	白砂糖	70 克

🥄 可可液材料

可可粉	5 克	水	1 大勺

参考量
....
24.5cm×14.5cm×6.5cm
蛋糕 1 个

可可香橙蛋糕

难易度：

小贴士

1. 模具中一定要用油纸，否则会粘，冷却后更方便脱模。
2. 蛋糕烘烤经历膨胀、定型、褐变的过程，烤的时候千万别开烤箱门，否则蛋糕体将会瞬间塌掉。
3. 蛋糕中糖的量不建议减少，否则会影响膨胀效果。个人觉得这个甜度正合适。

🥣 步骤

1. **制作蛋黄糊**。蛋黄、33 克蛋白、玉米油混合均匀。

2. 倒入橙汁拌匀。

3. 筛入低筋面粉，拌匀至无颗粒，放置一边待用。

4. **制作蛋白糊**。剩余的蛋白搅打至出粗泡，加入⅓白砂糖。

5. 搅打至细腻状态，加入另外⅓白砂糖。

6. 搅打至能拉出弯钩状态，加入剩余的白砂糖。

7. 一直搅打至干性发泡。

8. 搅拌蛋糕糊。蛋白糊分三次加入蛋黄糊中，刮拌均匀，避免搅拌过度。

9. 模具底部垫烘焙纸。

10. ¾ 的面糊倒入模具中。

11. **制作可可面糊**。可可粉和水混合，拌匀成可可液，加入剩余的面糊中拌匀。

12. 可可面糊倒在刚才的蛋糕糊上面，抹平蛋糕糊。烤箱最下层放一个装满水的烤盘，倒数第二层放蛋糕，190℃烤 10 分钟，再将温度降至160℃烤 10 分钟，最后降至 140℃烤 45 分钟。出炉倒扣在网架上，冷却后脱模切块。

三层的组合让蛋糕变得神奇，口感多样得令人无法抗拒，它的魔力在哪里呢——

只要一种面糊就能烤出三种不同口感的蛋糕，下层是弹润的布丁，中间是浓郁的奶油层，最上面是软绵的蛋糕层。

做法很简单，但需要一定的耐心，成品一定要冷藏3小时以上才可以切开。

参考量

....

20cm×20cm
方形蛋糕1个

抹茶分层蛋糕

难易度：／／／

🥄 材料

鸡蛋................3 个	牛奶.............500 克	抹茶粉..............5 克
白砂糖（加入蛋黄）60 克	低筋面粉.......110 克	白砂糖（加入蛋白）60 克
黄油............125 克	水.................15 克	盐...............¼小勺

🥄 步骤

1. 黄油用微波炉高火转 1 分钟，化成液体。

2. 鸡蛋的蛋白和蛋黄分离。蛋黄加白砂糖，用手动打蛋器打发到发白。

3. 加入黄油液拌匀。

4. 筛入低筋面粉、抹茶粉。

5. 继续拌匀至没有粉状，不要过度搅拌。

6. 加入牛奶和水，拌匀至没有颗粒。

7. 蛋白加盐用打蛋器打发至粗泡。

8. 加入白砂糖，用打蛋器打发至可以拉出小尖角的干性发泡状态。

9. 蛋白糊分两次倒入蛋黄糊中。

10. 用手动打蛋器拌匀。

11. 倒入铺好油纸的模具中，放入烤箱中层，150℃烤 50 分钟。

小贴士

刚烤完的蛋糕体晃动、开裂、回缩都是正常的，烤完后一定要彻底冷却再冷藏 3 小时以上，才可以脱模切块。

偶尔会有些小贪心，喜欢可可味又喜欢乳酪味，于是把它们一起融入蛋糕中，当作自己的下午茶点心。

很多时候忙碌了一天，也没有时间安静地坐下来休息，总爱把下午茶时间作为一天努力工作的奖励。觉得疲劳时，一边看书，一边喝着咖啡，不经意间发现蛋糕已经吃没了，一块美妙口感的蛋糕可以唤醒我所有的美感。

这款乳酪多于面粉的小蛋糕，不需要水浴烤也一样软弹，卡仕达内馅香甜，当然也可以用其他内馅代替，如豆沙、果酱之类的。

参考量
....
6个

可可乳酪小蛋糕

难易度：🥄🥄🥄

🥄 馅料

蛋黄...................1 个

细砂糖............25 克

低筋面粉...........7 克

牛奶................75 克

🥄 蛋糕材料

马斯卡彭奶酪 130 克

牛奶................50 克

黄油................60 克

细砂糖..........106 克

全蛋液............50 克

可可粉............12 克

低筋面粉........80 克

杏仁片.............适量

🥄 步骤

1. **做卡仕达内馅。**蛋黄加细砂糖，打发至颜色发白。

2. 筛入低筋面粉打匀。

3. 牛奶用小火煮开。

4. 将⅓牛奶倒入蛋黄糊中拌匀，再倒入剩下的⅔牛奶拌匀。

5. 重新倒入锅中。

6. 小火加热，不断搅拌，直到面糊浓稠立即离火，连锅一起放入冷水中冷却，备用。

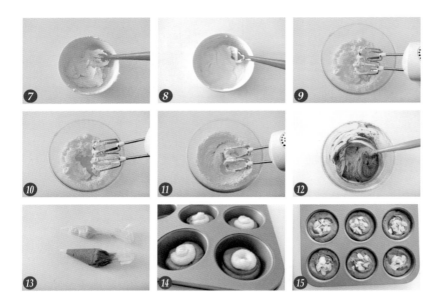

7. **做蛋糕。**将奶酪拌至柔软顺滑。

8. 加入牛奶，用压拌的手法拌匀至奶酪没有颗粒，放一边待用。

9. 软化黄油加细砂糖，打发至颜色发白蓬松。

10. 分三次加入全蛋液，搅打均匀。

11. 再加入奶酪糊拌匀。

12. 筛入可可粉、低筋面粉拌匀。

13. 将卡仕达内馅和蛋糕糊各自装入裱花袋。

14. 在模具中挤一层蛋糕糊，再挤一层卡仕达内馅。

15. 最后再挤蛋糕糊盖满，表面撒杏仁片装饰，放入烤箱中层，150℃烤 35 分钟。

苔藓磅蛋糕

磅蛋糕也叫黄油蛋糕，源于 18 世纪的英国。

那时的磅蛋糕只用四种等量的材料：一磅糖、一磅面粉、一磅鸡蛋、一磅黄油，所以称为磅蛋糕。磅蛋糕内部组织扎实细腻，奶香浓郁，口感润泽，更适合大众口味。

这款磅蛋糕外形独特，制作简单，成功率又高，抹茶味也令人回味，不会裱花也没关系，堆些水果一样美美的。

参考量

25cm×8cm
蛋糕 1 个

🥄 蛋糕材料

黄油.............150 克 泡打粉 ....2 克 抹茶粉 ....10 克

白砂糖 ....150 克 鸡蛋.................2 个 低筋面粉 ....140 克

🥄 苔藓材料

抹茶粉 ....10 克 杏仁粉 ....30 克 白砂糖 ....40 克

低筋面粉 ....40 克 黄油.................40 克

🥄 奶油霜材料

黄油.............100 克 牛奶.................50 克 糖粉................25 克

🥄 食用色素

绿色 紫色适量

🥄 步骤

1. **做裱花奶油霜。**黄油软化，加入糖粉打匀，再分次加入牛奶，打至蓬松。

2. 取部分奶油霜，加入少许绿色色素拌匀。

3. 再加入适量紫色色素，无规则拌几下，不要拌匀，让绿色中透出紫色。

4. 装入裱花袋，装上 363 号花嘴。再准备一个裱花袋，装入没有调色的奶油霜，不用装花嘴。

5. 在裱花钉上抹少许奶油霜，再贴上油纸。

6. 没有花嘴的裱花袋剪个小口，在油纸上挤出适量奶油霜做花蕊。

7. 花嘴紧贴花蕊，裱出花瓣。

8. 第一层裱 6 瓣。

9. 第二层的花瓣在第一层两个花瓣中间，而且比第一层小。

10. 依次裱完 4 层花瓣，连油纸一起放入冰箱冷冻至硬。

11. 352 号花嘴和 366 号很像，只不过小很多，用同样的方法它可以裱出小的多肉，还可以用 32 号花嘴挤出小仙人球。

12. **做"苔藓"**。将苔藓材料中的抹茶粉、低筋面粉、杏仁粉分别过筛，混合均匀。

13. 加入苔藓材料中的白砂糖和切成小块的冷藏黄油，用手揉捏均匀，盖保鲜膜，放入冰箱冷藏备用。

14. **做蛋糕**。蛋糕材料中的黄油软化，加入白砂糖，打发至蓬松。

15. 分两次加入室温全蛋液，每次都要搅打均匀，让全蛋液充分融入黄油中。

16. 筛入抹茶粉、低筋面粉、泡打粉，拌匀至没有粉状。

17. 面糊倒入模具中，中间低四周高（蛋糕烘烤时中间会凸起）。

18. 撒上冷藏过的"苔藓"，放入烤箱中层，180℃烤 50 分钟，出炉稍冷却脱模，放上奶油霜裱花，还可以放上水果装饰。

冬天除了多穿衣服外，吃饱吃暖也很重要，来点高热量的东西吧，认真吃完再去工作。

那么吃什么好呢？当然要选颜值高、甜而不腻的橙味小方蛋糕啦。越是细细品尝，越感觉香软清甜，回味却带有些许咸味。关键是上手简单，成功率高，不需要烦琐的打蛋白揉面团，基本是随意地搅拌即可。

参考量

8个

橙味小方蛋糕

难易度：✎✎✎

🥄 材料

A:

低筋面粉.......250 克

白砂糖..........100 克

盐.....................3 克

软化黄油.......200 克

B:

白砂糖.............10 克

低筋面粉.........16 克

鸡蛋..................2 个

橙皮屑..............6 克

橙汁................80 克

C:

糖粉.................少许

甜橙................适量

🥄 步骤

1. 模具垫上油纸。

2. 将所有 A 材料混合，用手捏匀。

3. 倒入模具按压平整。放入烤箱，中层 180℃烤 20 分钟，取出晾 10 分钟。

4. 准备一个碗，加入 B 材料中的白砂糖、低筋面粉、鸡蛋，用手动打蛋器搅匀。

5. 再加入橙皮屑和橙汁拌匀。

6. 将拌好的橙皮屑面糊倒在蛋糕表面。放入烤箱，180℃烤 20 分钟，直到表面液体凝固，脱模。

7. 烤好的蛋糕冷却后用吸管在顶端戳一个洞，再切割出喜欢的形状。

8. 表面撒糖粉，再放上甜橙。

小贴士

1. 刚烤完的蛋糕非常软，一定要彻底放凉才可以戳洞切割。

2. 蛋糕吃的时候再撒糖粉，否则糖粉会被蛋糕吸收。

3. 摆放甜橙前要先用厨纸吸去一些水分。

4. 蛋糕上还可以加水果点缀。

皇冠可可戚风蛋糕 难易度：🥄🥄🥄

戚风蛋糕的造型通常都是简单的圆形，在面糊进烤箱烘烤过程中不可以开烤箱门，否则容易引起塌陷。

这款皇冠可可戚风蛋糕制作起来并没有想象中那么难，因为控制好时间取出切割花纹，可使其形成自然裂纹。且两次调温也会避免蛋糕塌陷。

这款蛋糕松软、绵密，可可味醇香，做完这个蛋糕会觉得特有成就感。

🥣 蛋黄糊材料

可可粉 ....9 克   玉米淀粉 ....5 克   牛奶................50 克

低筋面粉 ....45 克   玉米油 ....38 克   蛋黄 ....3 个

🥣 蛋白糊材料

蛋白 ....3 个   白砂糖 ....48 克

🥣 步骤

1. **制作蛋黄糊。**可可粉、低筋面粉、玉米淀粉过筛备用。

2. 玉米油、牛奶混合搅打均匀，使其充分乳化。

3. 乳化好的液体倒进过筛的混合粉中。

4. 用手动打蛋器拌匀，此时面糊非常厚实。

5. 加入蛋黄，继续拌匀。（鸡蛋需要提前冷藏）

6. 搅拌成为流动性强的可可面糊即可。

7. **制作蛋白糊。** 准备一个干净无水的碗，放入蛋白，用电动打蛋器打发至有粗泡时加入⅓白砂糖，搅打均匀。

8. 搅打至细腻时再加入⅓白砂糖，搅打均匀。

9. 最后搅打至可以拉出软弯钩时，加剩下的白砂糖搅打均匀。

10. 一直搅打到蛋白糊呈现可以拉出尖角的干性发泡状态。

小贴士

1. 鸡蛋要提前放冰箱冷藏。
2. 为防止消泡，在翻拌面糊时，不要过度搅拌。

11. **混合两种蛋糕糊**。取⅓蛋白糊放到蛋黄糊中翻拌均匀。

12. 再把拌匀的面糊全部倒进剩余的蛋白糊中翻拌均匀。

13. 翻拌好的面糊倒入模具中，用筷子划几个圈，然后把蛋糕模具在桌上震两次，有利于排出气泡。将模具放入烤箱中下层，160℃烤10分钟。

14. 烤的时候准备一杯开水，将水果刀放入水中浸泡，准备餐巾纸若干张。

15. 10分钟后取出蛋糕，此时烤箱门打开不要关闭，烤箱保持160℃继续烤的状态。将水果刀擦干，先在蛋糕表面划十字，再从边缘往中间划，每划一刀，刀都要浸一次水，并且擦干，将蛋糕平均划分为8份。划好后，蛋糕放入烤箱中下层，温度调整至140℃烤40分钟。

16. 烤好的蛋糕取出，从10厘米高处往桌上重摔几次，以便排出空气，然后倒扣，冷却脱模。

彩虹戚风蛋糕

难易度：🥄🥄🥄

　　彩虹是雨后一道亮丽的风景，小时候经常看见，随着年龄增长却很少去留意它，那么就做一款彩虹蛋糕，把它留在家里吧。

　　第一次看到彩虹蛋糕，有点抓狂的感觉，因为每个颜色都要调一遍蛋糕糊。等到自己做时，感觉并没有想象中那么烦琐，反倒是五彩缤纷的颜色，看着令人心情愉悦。

　　制作中用到了可可粉、抹茶粉、甜菜粉、紫薯粉，可是没找到合适的蓝色果蔬粉，于是就用了食用色素。

参考量
·················

直径17cm
6寸蛋糕1个

73

材料

鸡蛋...................4 个

白砂糖（蛋白用）40 克

白砂糖（蛋黄用）15 克

低筋面粉.........80 克

玉米油............50 克

牛奶................50 克

泡打粉..........½小勺

抹茶粉..........½小勺

可可粉..........½小勺

甜菜粉..........½小勺

紫薯粉.........½小勺

蓝色色素.......1 小滴

芒果...................1 个

淡奶油..........400 克

糖粉.................40 克

步骤

1. 将蛋白、蛋黄分开。蛋黄加白砂糖，用电动打蛋器打发至体积膨大浓稠。

2. 加入玉米油，搅打均匀。

3. 加入牛奶，搅打均匀。

4. 低筋面粉和泡打粉混合，筛入蛋黄糊内，用硅胶刀拌匀。

5. 蛋黄糊分成 5 份，分别加入可可粉、紫薯粉、甜菜粉、抹茶粉、蓝色色素。

6. 全部拌匀后待用。

7. 蛋白加白砂糖，打发至湿性发泡，即提起打蛋器时蛋白能拉出弯曲的尖角。

8. 将蛋白分成 5 份，分别倒入 5 种颜色的蛋黄糊中拌匀。

9. 装入 5 个模具中，放入烤箱中下层，180℃烤 15 分钟，出炉冷却脱模。

10. 将淡奶油加糖粉，打发至 9 分发，出现纹路，制成裱花奶油。

11. 将奶油装入裱花袋，用 12 号圆嘴在蛋糕上挤出水滴。

12. 蛋糕片中间挤上奶油，放上芒果。继续叠第二片，挤上奶油，放上芒果。

13. 所有蛋糕片叠完，最上层用 32 号花嘴挤出花形装饰表面。

冬季的午后，晒着温暖的阳光，品着士力架，启动了怀旧的开关，零碎的场景就在眼前浮现。亲手做的每种点心都有特别的回忆，沉淀在人的内心。今年的圣诞节将是明年的回忆，好好做甜品，让每一道美食都成为独特的回忆！

这款士力架第一层酥得掉渣，第二层香甜软糯，第三层香甜可口。一层层的堆叠看似复杂，做起来却非常简单，再来杯暖暖的咖啡真是绝配！

参考量

....

15cm×25cm
磅蛋糕 1 个

圣诞巧克力士力架

难易度：🥄🥄🥄

🥣 材料

A. 低筋面粉...160 克　　B. 炼乳..........395 克　　C. 巧克力 ......200 克

A. 黄油 ....113 克　　B. 红糖..........50 克　　C. 黄油...........28 克

A. 糖粉 ....30 克　　B. 黄油...........45 克　　D. 开心果碎......适量

A. 盐 .... ¼小勺　　B. 盐 ....3 克

🥣 步骤

1. A 材料中的黄油软化，加糖粉、盐，用硅胶刀拌匀。

2. 再筛入低筋面粉，拌匀成团。

3. 面团放入铺好油纸的烤盘中，用勺子压平。

4. 烤盘放入烤箱下层，180℃烤 20 分钟。

5. 把 B 材料全部放入锅中，中火加热，沸腾后改小火再继续加热 3 分钟，全程需要不停搅拌。

6. 液体倒在烤好的酥饼上，放入烤箱下层，180℃烤 15 分钟。

7. 接着把 C 材料全部隔热水融化，拌匀。

8. 巧克力液倒在烤好的蛋糕上，留出少许用于表面装饰。将蛋糕放入冰箱冷藏 2 小时，直到凝固。

9. 取出蛋糕，切成三角形，然后用剩余的巧克力液在表面画线，并将开心果碎撒在画线处装饰。

好友的甜品店想要推一款方便携带且不容易融化的新品，我想到了双层芝士蛋糕，奶酪和慕斯组合，虽然步骤有些多，但是每一步制作都很快，也没有什么难点，好吃当然就不会嫌麻烦啦！

双层芝士蛋糕

难易度：🥄🥄🥄

> **参考量**
> ....
> 直径 10cm
> 4 寸蛋糕 3 个

🥄 第一层蛋糕材料

鸡蛋.................3 个

白砂糖 ....130 克

低筋面粉.......125 克

黄油.................35 克

牛奶..............54 克

🥄 第二层奶酪材料

奶油奶酪.......290 克

白砂糖 ....80 克

鸡蛋.................2 个

淡奶油 ....60 克

低筋面粉.........10 克

🥄 第三层慕斯材料

牛奶..............50 克

糖粉..............50 克

吉利丁片 ....5 克

凉开水 ....100 克

马斯卡彭奶酪 125 克

淡奶油 ....182 克

步骤

1. **做第一层蛋糕。** 黄油加入牛奶，放入微波炉高火转 1 分钟融化，制成黄油牛奶液待用。

2. 鸡蛋打散成全蛋液，加白砂糖打发至划过蛋液表面有痕迹，并且不会很快消失。

3. 筛入低筋面粉，用硅胶刀搅拌至没有干粉。

4. 倒入黄油牛奶液翻拌均匀。

5. 面糊倒入两个 4 寸的蛋糕模，放入烤箱中下层，150℃烤 40 分钟。

6. 烤好的蛋糕稍冷却后，把其中一个蛋糕切成厚度为 1 厘米的三片薄片。

7. 另取 3 个蛋糕模垫油纸，分别放入三片蛋糕。

8. **做第二层奶酪。** 奶油奶酪加白砂糖打至顺滑。

9. 奶酪中加入鸡蛋，继续打匀。

小贴士

1. 做慕斯层的淡奶油千万不要打发得太厚重，否则后面会搅拌困难。
2. 蛋糕不可以换成戚风，因为戚风蛋糕太软，搅拌机不容易打碎。
3. 蛋糕的高度取决于包装盒的高度，所以每一层都不要做得太厚，如果不放于盒中，可以忽略高度。

10. 再加入淡奶油打匀，筛入低筋面粉拌匀。

11. 做好的奶酪糊分别倒在蛋糕片上，放入烤箱中层，150℃烤 20 分钟，至表面凝固，取出后稍冷却，放入冰箱冷藏。

12. **做第三层慕斯**。把吉利丁片放在凉开水中泡软。

13. 牛奶用微波炉高火加热 30 秒取出，将吉利丁片捞出放入其中，拌匀至完全溶解。

14. 淡奶油加糖粉，打发至稍浓稠的流动状态。

15. 在打发好的淡奶油中倒入吉利丁液和马斯卡彭奶酪，拌匀至没有颗粒。

16. 然后倒入奶酪层，放入冰箱冷藏 6 个小时。

17. 余下的蛋糕室温干燥，以便制作表面蛋糕屑。制作表面蛋糕屑时，为了保持蛋糕颜色一致，要把蛋糕表面深色的部分去除，然后将蛋糕掰小块，分次放入搅拌机打碎。

18. 冷藏好的蛋糕取出，放在杯子上，用吹风机吹热模具四周，帮助脱模，然后把蛋糕屑粘在蛋糕上。

19. 用抹刀取下蛋糕，放于油纸上，再装盒冷藏。

第 4 篇
健康面包

烘焙软嫩面包的小心思

1. 面团如何搅拌？

面粉的吸水性会受面粉的新鲜程度、环境、湿度的影响，搅拌时可预留 5~10 克水，在搅拌过程中视面团软硬程度再加入。

黄油不可与其他材料同时加入混合，以免影响面粉的吸水性与面筋的扩展性。

除黄油外，所有用料放入厨师机混合搅拌时，先用低速，形成面团后再改用中速，可避免粉料四处飞散。

2. 做面包可以减糖或不加糖吗？

首先，加入白砂糖的目的是赋予面包甜味，增加面包色泽，糖的含量越多，烤出的面包色泽越好。

其次，白砂糖作为营养源，为酵母提供营养，可使面团发酵更快。

白砂糖还能够吸附水分子，从而使面包湿润柔软，水分流失缓慢，不易干硬，保存时间延长。

所以，读者可根据自身需求选择加糖或不加糖。

3. 面团分割为何要用刮板？

面团基本发酵完成后，如果需要分成数份来烤，则需要平均分割，避免因大小不一而造成烘烤时成熟度差异。分割时先称出总重量，再利用刮板切割面团，称出每份小面团的重量。

分割时不能像用普通刀一样来回移动切割，也不可以用手撕扯面团，这样都会造成切口处面团蛋白的结构被破坏，使二氧化碳大量散发，面团膨胀度减弱。正确的切割方法是用刮板压着面团，从上往下"快、准、狠"一刀切开，尽量做到均匀等量分割，切割后对不足量的面团可进行填补。

4. 为什么烤出的面包上色深浅不同？

家用烤箱空间狭小，越靠近加热管温度越高，导致面包颜色加深，两侧也会存在差异。一般情况下，可转换烤盘的位置，或者降低烘烤温度，让面包上色均匀。

5. 烤完面包如何取出？

面包烘烤结束，烤箱内温度下降，产生的水汽会使面包受潮，因此要立即取出，并且从模具中倒出，再放在网架上冷却，让面包内多余的水汽能及时散发。

6. 如何保存面包？

面包的表层可帮助其维持内部柔软口感，越薄的面包越容易干燥，保存期限越短，所以如果不是马上食用，请不要将面包切成片状。

面包的最佳食用期限是 2 天。如果吃不完，可将其放入保鲜袋或者其他密封容器中，冷冻保存，可以存放 2 周。再次食用时，放入烤箱中层，用 150℃烘烤 15 分钟左右，即可恢复松软。

第一次做面包就做了这款墨西哥小餐包，然后就一头栽进面包坑里，每天卖力地手揉，傻傻地不知道这世上还有个会揉面的面包机存在。

每当我想邀请朋友来玩，都会说我拿面包招待你啊，那群吃货朋友们就会毫不犹豫地奔来，看着她们认真品尝面包的样子以及随后的诚恳评价，我觉得得到了最好的认可。

决定买台面包机，把手解放出来，所以我坚持下来了！

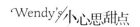

墨西哥小餐包

难易度：

面包材料

高筋面粉	160 克	全蛋液	30 克
低筋面粉	40 克	盐	2 克
酵母	1 小勺	黄油	25 克
水	90 克		
白砂糖	35 克		

墨西哥酱材料

黄油	40 克
白砂糖	40 克
全蛋液	40 克
低筋面粉	35 克
可可粉	7 克

步骤

1. 除黄油外的面包材料混合，揉至面团光滑，再加入软化的黄油，揉至出膜扩展阶段，入烤箱发酵面团至两倍大。

2. 发酵后，将面团排气，分割成 12 等份，揉圆。二次发酵至面团两倍大。

3. 发酵时制作墨西哥酱。软化黄油，加白砂糖打至松软，颜色发白。

4. 分三次加入全蛋液（鸡蛋必须是室温的，可以防止水油分离）每次都要充分搅打均匀，再加下一次。

5. 搅打均匀。

6. 筛入低筋面粉和可可粉。

7. 用硅胶刀拌匀至没有干粉，即成墨西哥酱。

8. 墨西哥酱装入小号裱花袋。

9. 在发酵好的面团上挤上墨西哥酱，放入烤箱中层，180℃烤 15 分钟。

和以往做的墨西哥面包不同，这款面包有着立体的酥皮，边吃边掉渣，这是我心目中完美的酥皮。

用可可粉和抹茶粉调色，丰富面包的色泽。此款面包松软可弹，在烘烤时就芳香四溢。抹茶和可可先吃哪个好呢？

墨西哥甜面包

难易度：

🥄 面包材料

高筋面粉 ....200 克	酵母 ....3 克
白砂糖 ....24 克	全蛋液 ....24 克
盐 ....3 克	水 ....112 克
黄油 ....30 克	

🥄 酥皮材料

白砂糖 ....80 克

低筋面粉 ....90 克

黄油 ....90 克

可可粉 ....5 克

抹茶粉 ....2 克

🥄 步骤

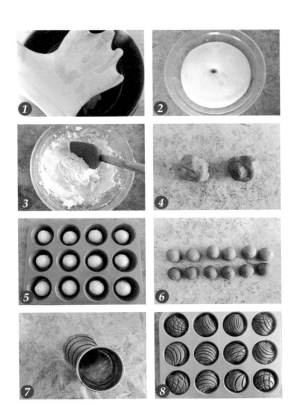

1. 除黄油外的所有面包材料混合揉匀，再加入黄油，揉至出膜状态，再揉成团。

2. 面团放入烤箱，发酵至两倍大。

3. 发酵期间做酥皮。黄油软化后，加入白砂糖打匀至发白，再筛入低筋面粉，拌匀。

4. 酥皮面团分成两份，分别筛入可可粉和抹茶粉，揉成团，盖上保鲜膜待用。

5. 发酵好的面包面团取出排气，分成12等份，搓圆，放入模具，二次发酵至两倍大。

6. 两个颜色的酥皮面团分别搓成6个圆球，用保鲜膜盖住，防止干裂。

7. 取一个酥皮面团在手里压扁，直径约5厘米。将酥皮面团放在保鲜膜上，用圆形切膜压出纹路，尽量不要切断，然后提起保鲜膜取出酥皮。依次将12个酥皮层做好。

8. 做好的酥皮层盖在面团上，四周一定要贴紧。依次将所有面包坯制好，放入模具，再放入烤箱中层，180℃烤15分钟。

白软包，口感更像馒头。清淡近乎无味的面包慢慢嚼来，却回味长久，也许它只是想让你知道它曾经在味蕾上停留过，需要用时间去慢慢接受！

利用烤箱温度来控制面包质地，让面包多了柔软的口感，单纯的面包香味，咸甜配料都可以搭配哦！

参考量
....
4个

低糖白软包

难易度：🥄🥄🥄

🥣 材料

高筋面粉.......160 克

T55 粉（或高筋面粉）40 克

白砂糖...........10 克

盐....................3 克

酵母.................2 克

全蛋液...........20 克

牛奶...............40 克

水..................80 克

黄油...............24 克

🥣 步骤

1. 除黄油外的所有材料揉匀，加入软化黄油，揉至薄膜扩展阶段，再揉成团。放入烤箱发酵至两倍大。

2. 面团取出，分成 4 等份并滚圆，不需要排气，盖保鲜膜，静置 15 分钟。

3. 面团用手轻轻压平，光滑的一面朝外。

4. 面团由上往下折⅓，封口处用手压紧。

5. 再由下往上折叠，捏紧封口后，用手掌将收口处压紧。

6. 双手的小拇指压住面团两端，来回搓成橄榄形，放入烤箱发酵至两倍大。

7. 取出面团，撒上高筋面粉，用刀在中间纵向划一刀。放入烤箱中层，上火 150℃，下火 190℃，烤 13 分钟。

金沙面包

难易度：🥄🥄🥄

面包撕着吃才过瘾，加了自制的金沙粉，沙沙的口感，很香哦。

咸蛋黄做的金沙粉利用率很高，而且更易保存，它的出镜虽没有华丽的场景，却总给人润物细无声的温暖。

> **参考量**
> ·············
> 12 个

🥣 金沙粉材料

咸蛋黄 ....20 个

奶粉 ....22 克

🥣 金沙粉步骤

1. 咸蛋黄放入烤盘，入烤箱中层，150℃烤 10 分钟。

2. 取出过筛。

3. 筛入奶粉拌匀。

4. 混合粉在烤盘中铺开，放入烤箱中层，50℃低温烘烤 50 分钟。冷却后装入保鲜盒，密封保存。

面团材料

高筋面粉 ....207 克   全蛋液 ....25 克

酵母 ....3 克   白砂糖 ....20 克

黄油 ....20 克   水 ....100 克

馅料

金沙粉 ....50 克

沙拉酱 .... 适量

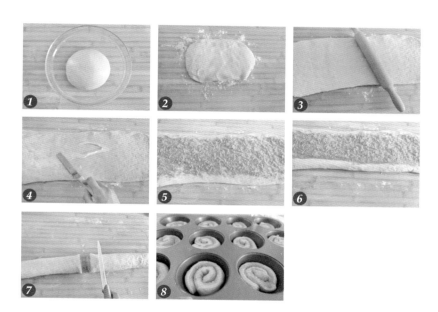

面包步骤

1. 除黄油外的所有面团食材混合揉成团，再加入软化的黄油，揉至出膜状态。盖保鲜膜，放入烤箱发酵至两倍大。

2. 面团轻拍排气，滚圆，盖保鲜膜，静置 15 分钟。

3. 面团擀成长方形面片。

4. 面片上挤入适量沙拉酱，用小刮刀抹平。

5. 均匀撒上金沙粉，不要撒到边缘上。

6. 面片卷起，并且卷紧。

7. 平均切成 12 份，两头不整齐的可以切除，切除的部分重新揉圆。

8. 小面团放入 12 连模，发酵至两倍大。放入烤箱中下层，180℃烤 15 分钟。

参考量

....

4个

乍一看像法棍，可它内心却是空的，经高温烘烤后面包内部会鼓起，形成空洞，撑起整个面包，表面薄薄的一层非常软，轻轻一拿都会留下手印，一点也不夸张！简单的步骤做出来的是奶香气十足的面包，光是闻闻就会流口水！

黑芝麻奶酪空心面包

难易度：🥄🥄🥄

🥄 面团材料

高筋面粉.......205 克	白砂糖...........20 克	黄油...............30 克
奶粉.............10 克	水.............126 克	酵母.................3 克
黑芝麻.........10 克	盐.................3 克	全蛋液...........24 克

🥄 馅料

马斯卡彭奶酪 100 克

🥄 表面材料

芝士粉 ....适量

🥄 步骤

1. 除黄油外的所有面团材料混合揉匀，再加入软化的黄油，揉至扩展阶段即面团出膜状态。

2. 面团揉圆，盖保鲜膜，放入烤箱发酵至面团两倍大。

3. 案板上撒少许面粉，将面团取出用手按压排气。

4. 平均分割成 4 份，滚圆后盖保鲜膜，松弛15 分钟。

5. 取一个面团，擀成约 12cm×17cm 的长方形。

6. 奶酪用刀刮顺滑，抹在长方形面片上，用小抹刀刮平整，面团四周留出空隙，不要抹满奶酪。

7. 面团从上往下卷起。

8. 面团卷紧，收口处用手压紧，两头不需要搓尖，也不需要压紧，自然卷曲即可。

9. 纸巾打湿，面团在湿纸巾上滚一圈，再放到芝士粉中滚一圈，直到全部沾满芝士粉。

10. 放入烤箱二次发酵至两倍大，取出后用刀在表面划出纹路。放入烤箱中层，上火230℃，下火 170℃，烤 20 分钟，直到面包上色。

参考量
....
4 个

　　一大早起来做早饭，总是觉得时间不够用，但是为了能吃到新鲜的东西，我尽量都是早上现做，做完就吃。

　　这个番茄烘饼做法简单，面团我就用手揉匀，如果时间来不及，发酵这一步也可以省略。烘饼非常香，面团松软，整片番茄的加入，让口感有点接近比萨饼。

🥣 面团材料

高筋面粉.......105 克	黄油.................15 克
白砂糖 ....15 克	酵母.................2 克
水 ....58 克	全蛋液 ....12 克
盐 ....1.5 克	

🥣 馅料

番茄.................1 个

番茄烘饼

难易度：🥄🥄🥄

步骤

1. 所有材料混合，用手揉匀成团。放入烤箱发酵 30 分钟。如果时间来不及，这一步可省略。

2. 案板上撒上面粉，取出面团分成 2 等份，各自揉圆。

3. 两块面团擀大擀薄。

4. 放上切好的番茄片。

5. 另一块面皮覆盖其上，番茄周围用手压一下，用圆模或者杯子刻出圆形，刻完的形状边缘不要再用手压紧（圆形一定要比番茄大，可以完全包裹住番茄）。

6. 用刮板托住，将其放入垫了油纸的烤盘。

7. 放入烤箱中层，180℃烤 15 分钟，至表面上色。

小贴士

1. 番茄要选个头小偏硬的那种，如果水分很多很软则不容易切片，番茄片尽量切薄一些。

2. 我也试过面团不发酵，烤出来一样软软的，发酵过的面团烤完会稍大些，当然饼不会像面包那样鼓得很大。

参考量
....
24.5cm×14.5cm
蛋糕 1个

油桃面包

难易度：

最近油桃上市了，除了喜欢吃硬的嘎嘣脆的那种，我也喜欢吃烤过的软油桃。油桃经高温烘烤后变软，酸酸甜甜的，可用它做一款很随意的面包，虽然是面包，但口感却像蛋糕般松软。

我们平时做面包大多会用鸡蛋液，面团表面刷蛋黄，做这个面包却不走寻常路，面团只用了蛋黄，表面刷的是蛋白，加上酥粒的点缀，整个面包就有了外脆内软、层次分明的口感，很值得一试哦！

🥣 面团材料

牛奶...............78 克

白砂糖...........34 克

酵母.............1 小勺

黄油...............25 克

T55 面粉.......160 克

盐................¼ 小勺

鸡蛋...............1 个

🥣 酥粒材料

黄油...............30 克

白砂糖...........10 克

T55 面粉........18 克

杏仁粉...........40 克

🥣 表面装饰

油桃...............1 个

🥣 步骤

1. **制作面团**。牛奶中加 3 克白砂糖，放入微波炉加热 15 秒左右至温热，取出拌匀，使白砂糖充分溶解。

2. 加入酵母拌匀，静置 10 分钟备用。

3. 蛋黄、蛋白分离备用。黄油隔水化开，加入 T55 面粉、盐、蛋黄、剩余的白砂糖、酵母液混合揉匀，此时非常黏手。

4. 案板撒面粉，取出面团揉成团，至表面光滑不粘手，滚圆后放入碗中，盖保鲜膜，放入烤箱发酵至两倍大。

5. **制作酥粒**。黄油化开，加入白砂糖、T55 面粉、杏仁粉拌匀。

6. 盖保鲜膜，放入冰箱冷藏。

7. **面团整形烤制**。案板上撒面粉，取出发酵后的面团。

8. 用手边按压排气，边整理成模具大小，注意不要折叠面团。

9. 面团放入模具中，表面刷蛋白。

10. 冰箱中取出酥粒，掰碎撒在面团上。

11. 油桃洗净后切片。

12. 油桃片放在酥粒上。模具放入烤箱中下层，200℃烤30分钟。出炉后倒扣，脱模取出，切块食用。

牛奶芝士面包棒

难易度：

参考量

·············

8个

有人说爱上面包，是因为可以为心爱的人做早餐，其实每个人的出发点都不同。

爱上它也许是因为某个好吃的面包，就像一位故人，一直在那儿，只是需要用心才能发现它的美。朴实无华的面包棒富含钙，无添加，最适合老人和小孩食用。

🥄 面团材料

高筋面粉 ....200 克   盐 ....3 克   水 ....100 克

T55 面粉 ....50 克   全蛋液 ....25 克   黄油 ....30 克

白砂糖 ....12 克   牛奶 ....50 克

🥄 馅料

芝士片 ....37 克

奶酪丝 ....37 克

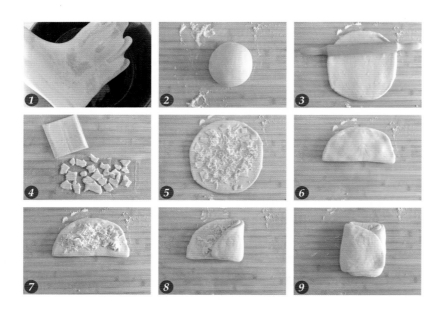

🥄 步骤

1. 除黄油外的所有面团材料混合揉匀，再加入黄油，揉至扩展出膜状态。

2. 面团揉圆。

3. 案板上撒少许面粉，将面团擀成圆片。

4. 芝士片切成小块。

5. 面片上放入 ½ 的芝士片和 ½ 的奶酪丝。

6. 面片对折。

7. 再铺上剩余的芝士片和奶酪丝。

8. 将面片折入 ⅓。

9. 再把另一边面片折入 ⅓。

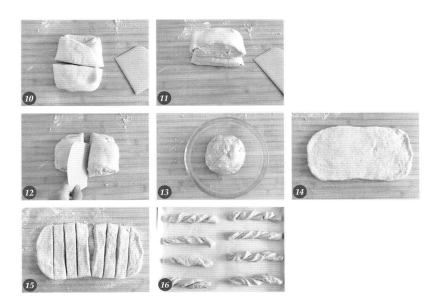

10. 面团轻轻压扁，用刮板从中间横着切开。

11. 一块面团堆叠在另一块上。

12. 用刮板把面团从中间竖着切开，继续往上堆叠，让面团与芝士、奶酪丝混合均匀。

13. 面团揉圆，放入烤箱发酵至两倍大。

14. 取出轻拍排气，擀成 30cm×16cm 大小的面片。

15. 面片切成 8 份。

16. 每份面片拉长扭转，放入烤箱中层，150℃烤 16~18 分钟。

圣诞节的比萨也要来点特别的，比萨靴子、比萨树、比萨手套……快到碗里来！

无论是材料还是做法都简单到不能再简单，但是一定要配个大比萨盘，这样挖去中间的洞后比萨上还有足够的空间可以放食物。

参考量
·············
12寸1个

圣诞花环比萨

难易度：

材料

高筋面粉 …… 210 克	水 …………… 165 克	马苏里拉奶酪 100 克
低筋面粉 …… 120 克	白砂糖 ………… 15 克	萝卜 ……………… 1 个
玉米油 ………… 21 克	盐 ……………… 1 克	芝麻叶 ………… 适量
酵母 …………… 2 克	比萨酱 ………… 适量	萨拉米 ………… 适量

步骤

1. 高筋面粉、低筋面粉、水、玉米油、盐、白砂糖、酵母混合，揉至扩展出膜状态，再滚圆放入碗中，放入烤箱发酵至两倍大。

2. 面团取出排气，揉圆后盖保鲜膜，再静置 15 分钟。留出 100 克面团做装饰，其余面团在案板上擀至比萨盘大，擀得越薄越好，然后放入比萨盘中。

3. 面片中间用模具或碗挖出洞，面团上用叉子扎满洞，防止烤时面团鼓起。面团外圈空出 1 厘米左右不用扎洞。

4. 抹一层比萨酱，依次放上马苏里拉奶酪和萨拉米。放入烤箱中下层，190℃烤 15 分钟。

5. 接着把剩余的面团擀薄，用模具刻出形状。

6. 抹上比萨酱，放上奶酪，放入烤盘中。放入烤箱，180℃烤 10 分钟，取出放在大比萨上，再一起烤 2 分钟。可用胡萝卜做装饰用蝴蝶结，撒芝麻叶或喜欢的蔬菜。

立秋了，冷饮要少吃，喜欢吃蛋筒的小伙伴们，我们换个方式，用面包做个蛋筒来解馋，吃出夏天的感觉！

🥣 面包材料

高筋面粉.......210 克　　鸡蛋................1 个　　酵母................3 克

白砂糖...........20 克　　盐....................3 克　　水...................75 克

黄油...............30 克　　奶粉.............10 克

🥣 表面装饰

杏仁粉...........25 克　　蛋白.............30 克

白砂糖...........25 克　　糖粉.................适量

🥣 奶油材料

淡奶油.........400 克

糖粉.............40 克

水果.................适量

参考量

6 个

火炬蛋筒面包

难易度: ✎ ✎ ✎

步骤

1. 将除黄油外的所有面包材料混合，揉成团，再加入软化的黄油，揉至出膜状态。

2. 揉成团后，盖上保鲜膜，放入烤箱发酵至两倍大。

3. 将面团取出轻轻拍打排气，切割成 6 等份，各自揉圆。

4. 放入模具，用手压紧实，放入烤箱，二次发酵至两倍大。

5. 把杏仁粉、白砂糖和蛋白放入碗中，用手动打蛋器打匀成杏仁糊，备用。

6. 取出发酵后的面团，在面团表面刷一层杏仁糊，再筛一层糖粉，静置一段时间。等表面糖粉湿润了，再筛一次糖粉。放入烤箱中下层，180℃烤 15 分钟，出炉脱模。

7. 纸杯剪开，保留底托，备好 8 齿花嘴。

8. 淡奶油加糖粉用打蛋器打发至八分发，装入裱花袋。

9. 面包放入纸托，在表面挤上奶油，放上喜欢的水果粒即成。

去超市买奶酪，看到奶酪上贴着"蛋奶素食者可用"的标识，我很好奇，既然有牛奶，素食者怎么可以食用呢？后来朋友们给我答疑：素食者分可食用蛋奶素食者和纯素食者，也就是说蛋奶素食者可以食用牛奶类制品。

　　面团中添加酸甜的蔓越莓，搭配香浓的奶酪，再捧一杯咖啡或茶，就是最完美的搭配。这个面团的配方在我烤欧包时经常用到，烤出来的面包外脆内软，百吃不厌。

参考量

....

6个

蔓越莓奶酪欧包

难易度：///

面包材料

高筋面粉.......210 克   盐.................3 克   酵母.................3 克

白砂糖 ....20 克   黄油...............30 克   全蛋液 ....24 克

水 ....112 克

馅料

奶酪.................适量   蔓越莓干..........适量

表面材料

低筋面粉 ....适量

步骤

1. 除黄油外的所有面包材料混合揉匀，再加入软化的黄油，揉至出膜状态。放入碗中，盖上保鲜膜，发酵至两倍大。

2. 面团取出排气，平均分成 6 份。

3. 6 个小面团分别擀成圆片，每片放入一大勺奶酪。

4. 再放上蔓越莓干。

5. 馅料包裹好，滚圆面团。

6. 收口往上，在浸湿的纸巾上滚一圈，然后再滚上低筋面粉。

7. 包好的面团放入烤盘，继续发酵至两倍大。

8. 取出面团，用剪刀在顶部剪出十字纹。放入烤箱中层，调到蒸汽模式，200℃烤 20 分钟。（没有蒸汽功能的烤箱，可以在烤箱最下层放个空烤盘，预热后在烤盘中倒入热水，制造蒸汽，同时把面包放入中层，烤 20 分钟，直到表面上色。）

蓝莓是护眼的法宝，一直想把它做到面包里，恰好手头有大量的蓝莓，马上动手尝试制作了这款超软的蓝莓爆浆面包。每咬一口都可以尝到新鲜蓝莓的爆浆口感，满足了吃货们的口腹之欲。所以，自己动手，丰衣足食吧！

参考量

4 个

蓝莓爆浆欧包

难易度：／／／

材料

高筋面粉.......210 克	酵母...............3 克	全蛋液...........24 克
白砂糖...........20 克	黄油...............30 克	水................112 克
盐...................3 克	蓝莓.............100 克	低筋面粉.........适量

步骤

1. 除黄油外的所有材料混合揉匀，再加入软化的黄油，揉至出膜状态。盖上保鲜膜，放入烤箱发酵至两倍大。

2. 取出面团，平均分成 4 份，揉圆，不用排气，盖保鲜膜静置 15 分钟。

3. 用手把一个面团压扁，放上 1/4 蓝莓。

4. 面团包起来，捏成三角形，收口要紧，否则烤的时候蓝莓会流出来。

5. 依次做完其他 3 个面包坯，将三角面团收口向下放入烤盘中，放入烤箱二次发酵至面团两倍大。

6. 取出面团并撒上低筋面粉。

7. 用刀片在面团上割出花纹。放入烤箱中层，调到蒸汽模式，200℃烤 20 分钟。（没有蒸汽功能的烤箱，可以在烤箱最下层放置空烤盘，预热后在烤盘中倒入热水，制造蒸汽，同时把面包放入中层，烤 20 分钟，直到表面上色。）

这款面包是我给家人做得最多的一款，无油无糖，老人和孩子可以经常吃。面包外脆内软，呈天然褐色。全麦面包口感比较柔韧，有点粗糙，因为它含有天然麸皮，不会像普通面包那么蓬松。将面包从中间切开夹生菜、番茄、芝士、火腿片等，做成三明治，我常把它当早饭享用。

无油无糖全麦黑芝麻面包

难易度：

材料

高筋面粉 ....190 克

全麦面粉 ....60 克

盐 ....2 克

酵母.................1 克

水 ....175 克

黑芝麻 ....20 克

步骤

1. 所有材料混合，揉至出膜状态，此时面团非常黏手。黑芝麻是超市买的袋装芝麻，无须额外处理。面团滚圆后放入烤箱，发酵至两倍大。

2. 取出分 3 等份，每份擀成圆片，折入 1/3，用手压紧，再折入 1/3 压紧，呈橄榄形，两头搓尖。

3. 面团正面朝下，在浸湿的厨房纸上蘸湿，再滚上面粉。

4. 3 个面团放在烤盘上，放入烤箱发酵至两倍大。取出面团，中间用刀片割一道口，再放入烤箱，调到蒸汽模式，200℃烤 20 分钟。（没有蒸汽功能的烤箱，可以在烤箱最下层放个空烤盘，预热后在烤盘中倒入热水，制造蒸汽，同时把面包放入中层，烤 20 分钟，直到表面上色。）

伯爵葡萄干巧克力面包

难易度：🥄🥄🥄

  用了回发酵篮，用它发的伯爵葡萄干巧克力面包品相确实好。这款面包拥有斑驳的外表，迷人的线条，其最大的优点是无糖，加入葡萄干，让面包虽然清淡，却又有味！再加上红茶的隐味，一片片细细品来也是一种小确幸！

🥣 液种材料

高筋面粉 ....75 克

水 ....75 克

酵母 ....1 克

🥣 面团材料

高筋面粉 ....175 克

液种 ....150 克

盐 ....5 克

酵母 ....2.5 克

伯爵红茶 ....2 克

牛奶 ....50 克

软化黄油 ....5 克

🥣 馅料

葡萄干、蔓越莓干共 100 克

耐烤巧克力 ......20 克

参考量

....

18cm 发酵篮 1 个

🥄 步骤

1. 先做液种。酵母温水溶化，再放入高筋面粉拌匀，盖保鲜膜室温静置，等有气泡出现，放入冰箱冷藏至少 16 个小时，或隔日使用。

2. 所有面团材料混合，揉至出膜状态。

3. 面团分成两块。1/3 的面团做皮，2/3 的面团做馅。把做馅的面团压扁擀平，包入巧克力、葡萄干、蔓越莓干。

4. 馅料面团由上往下折叠，中间切开。

5. 切开的面团往上堆叠，再从中间切开，揉压，反复几次，让面团与葡萄干、蔓越莓干、巧克力混合均匀。分别放在两个碗中，放入烤箱发酵至两倍大。

6. 案板撒少许高筋面粉，把另外 1/3 的面团压扁，光滑面朝下，包入发酵好的馅料面团，滚圆。

7. 发酵篮撒入防粘高筋面粉，放入面团，收口在上，并压紧面团，目的是让篮子上的花纹清晰地印在面包上。盖上保鲜膜，放入烤箱发酵至两倍大。

8. 取出倒在烤盘上，用刀片切割 6 刀。放入烤箱中层，调到蒸汽模式，200℃烤 30 分钟。（没有蒸汽功能的烤箱，可以在烤箱最下层放个空烤盘，预热后在烤盘中倒入热水，制造蒸汽，同时把面包放入中层，烤 30 分钟，直到表面上色。）

这是一款黑麦面包，表面独特的花纹犹如火山爆发，带着神秘感。这款面包通常都是切薄片当三明治，夹入咸的火腿片食用。面包无油无糖无蛋奶，接近一个小时的烘烤，其表面非常厚实，内部因为受体积限制，所以气泡小，呈现出扎实的海绵状。面包采用新鲜酵母发酵以增加其膨胀度。

让我们细细品味那份远离城市的乡野之情，领略柏林之经典吧。

柏林乡村面包

难易度：🥄🥄🥄

🥄 材料

T170 黑麦粉 300 克　　新鲜酵母..............9 克

T65 法国面粉 125 克　　水....................290 克

盐.......................11 克

🥄 步骤

1. 所有材料混合，放入厨师机，高速搅打 5 分钟左右，揉匀成光滑的面团。取出面团，在撒了面粉的案板上揉成团。

2. 平均分割成 2 份。

3. 分别搓圆放在烤盘中，表面有裂纹没有关系。

4. 表面筛入黑麦粉，放入烤箱发酵至两倍大。发酵时表面不需要覆盖任何东西。

5. 发酵后取出，室温下醒发 20 分钟，表面也不需要覆盖东西。此时表面出现自然的裂纹。

6. 放入烤箱中层，调到蒸汽模式，230℃烤 45 分钟。（没有蒸汽功能的烤箱，可以在烤箱最下层放个空烤盘，预热后在烤盘中倒入热水，制造蒸汽，同时把面包放入中层，烤 45 分钟，直到表面上色。）

巧克力杯子面包

难易度：/ / /

参考量

12 个

液种材料

高筋面粉 ....95 克

水 ....95 克

酵母 ....1 克

面团材料

高筋面粉 ....175 克

液种 ....190 克

白砂糖 ....40 克

盐 ....3 克

牛奶 ....28 克

水 ....54 克

可可粉 ....15 克

黄油 ....15 克

酵母 ....3 克

馅料

巧克力豆 ....适量

装饰材料

低筋面粉 ....130 克

蛋白 ....25 克

牛奶 ....75 克

炼乳 ....70 克

可可粉 ....适量

杯子蛋糕？非也，它是巧克力杯子面包！看上去就一鸣惊人吧？它不会像蛋糕那么甜腻，加了液种的面团，增添了柔软与湿润，即使容易变干的巧克力口味也能尝出湿润的口感！烤制时满屋都是浓郁的巧克力味道，弥漫着甜蜜的气息。

步骤

1. 先做液种。用温水溶化酵母，再放入高筋面粉拌匀，盖保鲜膜室温静置，等有气泡出现，放入冰箱冷藏至少 16 小时或隔日使用。液种必须提前完成。

2. 第二天的液种，拨开面团里面呈现如图 2 的样子。

3. 黄油用微波炉高火 1 分钟化成液体，加入可可粉拌匀，制成可可糊待用。

4. 将面团的其他材料混合揉匀，加入上一步的可可糊，揉至出膜阶段，再揉圆，放入碗中，入烤箱发酵 1 小时，至面团发酵但没有到两倍大。

5. 案板撒面粉，把面团平均分为 12 份，每份滚圆压扁，包入巧克力豆，再搓圆。

6. 全部放入杯子蛋糕模具中，放入烤箱发酵至两倍大，大约需要 40 分钟。

7. 发酵期间做表面装饰面糊。将低筋面粉筛入碗中，加炼乳、牛奶、蛋白拌匀，装入裱花袋待用。如果觉得装饰面糊太稀，可以适量增加低筋面粉。

8. 在发酵完的面团上挤入螺旋状的装饰面糊，撒可可粉。放入烤箱中下层，上火 160℃，下火 230℃烤 18 分钟。

小贴士

1. 面包里可以按喜好包入核桃、葡萄干等。
2. 挤表面装饰面糊时，裱花袋剪口要小，螺纹要有间距，如果太密，烤完后会粘在一起看不清花纹。
3. 可可粉撒得少些，露白多更漂亮。

参考量
....
2 个

史多伦面包

难易度：/ / /

　　这款面包源于德国圣诞节传统点心，有几个世纪的历史，它也是我圣诞节必做的一款面包。

　　面包包裹着丰富的果干，超级豪华的感觉。面包口感介于蛋糕和面包之间。传统的吃法是要密封放上数天，待香味完全释放，糖粉渗入面包，散发出浓郁果香、酒香，甜蜜醉人，才到了最佳品尝时机。

　　估摸着这个面包会吃上几天，忍不住先掰了一块，"我得先尝一下前后比较味道呀"，但是没忍住又继续掰……

🥄 海绵酵头材料

牛奶.............113 克　　中筋粉...........64 克　　酵母...............12 克

🥄 果干材料

提子干..........130 克　　蔓越莓干.........80 克　　朗姆酒..........120 克

青葡萄干.........60 克　　柠檬汁...........15 克

🥄 面团材料

中筋粉..........283 克　　橙皮屑............3 克　　全蛋液...........45 克

白砂糖...........14 克　　柠檬皮屑........2.5 克　　黄油.............71 克

盐.....................5 克　　肉桂粉.............3 克　　水...............56 克

🥄 表面装饰

糖粉................适量　　黄油................适量

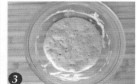

🥄 步骤

1. 混合果干材料中的三种果干，加入朗姆酒和柠檬汁拌匀。

2. **制作海绵酵头**。牛奶加热到 38℃ 左右（微波炉高火 30 秒），加入中筋粉和酵母拌匀，盖保鲜膜发酵 1 小时。

3. 发酵至酵头起泡，轻震碗时酵头会塌陷。

4. **制作面团**。把面团中的中筋粉、白砂糖、盐、橙皮屑、柠檬皮屑、肉桂粉拌匀。

5. 加入海绵酵头、全蛋液、软化黄油、水，用厨师机低速搅拌均匀，揉成团（大约 2 分钟），然后盖保鲜膜静置 10 分钟。

6. 加入果干混合物（果干提前倒出液体，并且留出 130 克待用），低速和面大约 5 分钟，至面团光滑。

7. 在碗中抹一层植物油，放入面团，盖保鲜膜，室温发酵 45 分钟左右，面团膨胀但是不会到两倍大。

8. 面团分成 2 个，每个擀成 23cm×15cm 左右的长方形，中间薄两边厚，在薄的地方撒上果干。

9. 往上折叠包入果干，并且用手压紧，做出弯月形。盖保鲜膜，室温醒发 1 小时，直到面团醒发至 1.5 倍大。

10. 将生坯放入烤箱中层，175℃烤 50 分钟。在 20 分钟时把烤盘转180°，使面包受热均匀。烤好的面包呈红褐色，趁热在表面刷化开的黄油，再撒一层糖粉。

小贴士

1. 果干可以提前一天腌制，更加入味，还可以放入杏仁等其他你喜欢的干果。
2. 烤好的面包冷却后再切割，更具德国风味，也可以将它敞开放置一夜，使其变干。

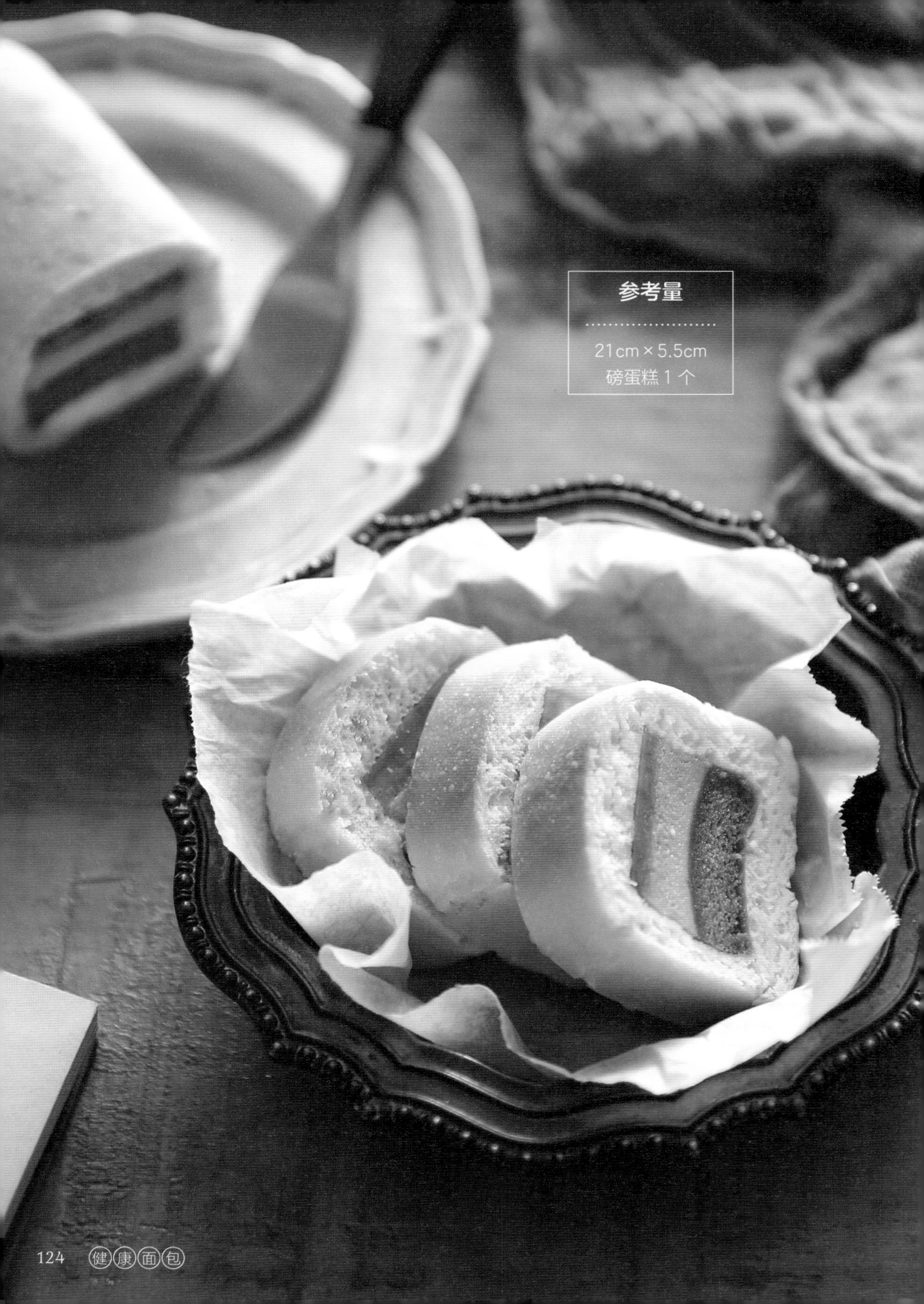

参考量

21cm × 5.5cm
磅蛋糕 1 个

抹茶布丁吐司

难易度：／／／

🥄 布丁馅料

鸡蛋................1 个

白砂糖（加入蛋黄）20 克

黄油.............41 克

低筋面粉........37 克

抹茶粉............2 克

盐.............1/8 小勺

牛奶.............167 克

水.................5 克

白砂糖（加入蛋白）20 克

🥄 面包材料

高筋面粉.......117 克

白砂糖...........12 克

酵母................2 克

盐...................1 克

水.................57 克

黄油.............10 克

全蛋液...........15 克

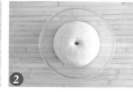

🥄 步骤

1. **做布丁馅。**布丁馅做法参考抹茶分层蛋糕步骤 1 到步骤 11（见 P.59）。布丁液倒入垫油纸的模具中，放入烤箱中层，150℃烤50 分钟，冷却后连模具一起入冰箱冷藏。

2. **做面包。**把除黄油外的面包材料混合，揉成团，再加入软化的黄油，揉至扩展出膜状态，面团放入烤箱发酵至两倍大。

3. 面团取出排气，然后再揉成团，盖保鲜膜静置 15 分钟。

4. 取出布丁馅，切去四周不平整处。

5. 静置后的面团擀成比布丁馅大的面片，可以包住馅，布丁馅正面朝上放在面片上。

6. 面片两边向上翻卷裹住馅，用手捏紧缝合处，两头也要捏紧，直到看不到馅。

7. 面团接缝处朝下放入模具中，入烤箱中层，180℃烤 20 分钟，取出冷却后切片食用。

第 5 篇

美味派挞

小心思做派挞

如何才能做出口感酥脆又轻盈的派挞外皮？

酥脆的外皮是派和挞的基本构成，制作外皮所用的原料需用手掌搓压，并且要快速使面团成形，因为揉搓过久黄油会化。面粉吸水后烤出的挞皮较硬，所以揉出的面团只要不粘手就是理想状态。

酥脆草莓派

难易度：

　　这款草莓派派皮酥松香脆，草莓馅甜中带酸，口感真的太奇妙了！

派皮材料

低筋面粉 ....150 克	细砂糖 ....15 克
黄油 ....60 克	水 ....45 克

草莓馅料

草莓 ....200 克	牛奶 ....80 克	盐 ....¼ 小勺
全蛋液 ....40 克	黄油 ....35 克	
细砂糖 ....40 克	高筋面粉 ....28 克	

酥粒材料

高筋面粉 ....50 克	黄油 ....30 克	白砂糖 ....20 克

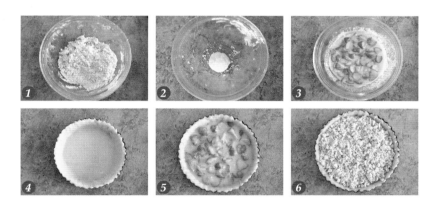

步骤

1. **做派皮**。低筋面粉过筛，加入细砂糖，混合均匀。加入切成小块的冷藏黄油，搓成颗粒状。再加入水揉成团，盖上保鲜膜，放入冰箱冷藏半小时。

2. **做酥粒**。黄油软化，加白砂糖打匀，倒入高筋面粉揉成团，盖上保鲜膜，放入冰箱冷藏半小时。

3. **做草莓馅料**。黄油融化，加入细砂糖、盐拌匀，再加入牛奶、全蛋液拌匀。然后筛入高筋面粉，搅拌均匀，再加入切碎的草莓拌匀。

4. 冷藏的面团擀平，盖在派盘上，用手压平，再用擀面杖在派盘边缘擀过，把多余的派皮从派盘边上切断，最后在派皮上扎洞。

5. 倒入草莓馅料。

6. 冷藏的酥粒取出掰碎，全部撒在草莓馅料上，放入烤箱中层，180℃烤40分钟左右。烤好后取出，用鲜草莓装饰。因为馅是湿软的，热的时候切，馅容易流淌出来，所以需冷却后切块。

法式青柠乳酪挞

难易度：

这款乳酪挞失败率挺低的，既不需要特殊的搅拌手法，也不需要复杂的工具，用烤箱就可以完成所有工序。

成品口感香甜柔滑，加入青柠碎屑和青柠汁，闻着就让人心旷神怡。乳酪和青柠搭配，可中和甜度，酸酸的很提味还不腻。闲暇的午后时光，来一份爽口的青柠乳酪挞，真是太惬意了。

参考量

直径 10cm
4 寸挞 2 个

挞底材料

消化饼干 ....100 克   黄油 ....35 克

乳酪层材料

奶油奶酪 ....50 克   青柠汁 ....5 克

细砂糖 ....15 克   淡奶油 ....15 克

蛋白顶材料

蛋白 ....36 克   细砂糖 ....30 克   青柠屑 ....适量

步骤

1. **做挞底。**消化饼干放在保鲜袋中，用擀面杖压碎。

2. 黄油融化成液体，加入饼干碎中，搅拌均匀。

3. 饼干碎放入挞盘，用勺子压紧，高度大约达到挞盘的一半，然后放入冰箱冷藏。

4. **做乳酪层。**奶油奶酪、细砂糖和青柠汁放入碗中，打匀至蓬松顺滑的状态，再加入淡奶油打匀。

5. 做好的乳酪装入裱花袋，挤入挞模中，放入烤箱中下层，170℃烤 30 分钟。

6. **烤的时候可制作蛋白顶。**刨出适量青柠屑待用。在烘烤结束前 10 分钟把蛋白和细砂糖混合，打发至湿性发泡。过早打发容易消泡。

7. 用勺子把蛋白抹在烤完的挞上，用勺背轻轻压一下蛋白再提起，拉出一个个小尖角，也可以不拉。放入烤箱最上层，220℃烤 5 分钟，随时观察。如果已经上色立即取出脱模，放入冰箱冷藏 1 小时，吃的时候撒青柠屑即可。

这个形状的派可以随意堆放各种自己喜欢的水果，甚至不需要模具！

派皮香酥，猕猴桃香甜，口感丰富。拿来作下午茶，或是作早餐都很棒。

参考量

⋯⋯⋯⋯⋯

派 1 个

随心水果派

难易度：/ / /

材料

低筋面粉.......125 克　　黄油...............58 克　　猕猴桃............2 个

糖粉...............55 克　　全蛋液............30 克　　白芝麻............适量

步骤

1. 冷藏黄油切小块，加入低筋面粉、糖粉。

2. 用手搓成颗粒状。

3. 加入全蛋液（留出 1 小勺后面用）。

4. 面糊揉成团，包保鲜膜放入冰箱，冷藏 30 分钟。

5. 取出面团放在两张油纸中间，用擀面杖擀成直径 30 厘米、厚度 3 毫米的薄片。

6. 用刀把薄片修成圆形。

7. 第一层先放上碎的、不好看的猕猴桃片，面片边缘留出 5 厘米左右的空白。

8. 第二层码入整齐的猕猴桃片。

9. 在中间空隙的地方放满猕猴桃片。

10. 依次折叠面片边缘。

11. 在折叠的边缘刷上全蛋液，撒上白芝麻。连同油纸一起放入烤盘中下层，180℃烤 20 分钟左右，至派皮上色即可。

这款派最大的特点是可以制作专属于你自己的芒果派。派皮可用各种饼干模压出喜欢的图形，比如情人节可以做个爱心，圣诞节做个圣诞老人或雪人。每个人都可以当甜品设计师，所以你一定要收藏这个万用食谱。

芒果是派的最好搭档，不需要做特别的处理就可以当派馅，外面酥里面香甜，冷热都好吃。

芒果派

难易度：🥄🥄🥄

参考量
....
6 个

🥣 材料

低筋面粉.......225 克   全蛋液 ....87 克   芒果肉 ....300 克

黄油...............75 克   糖粉.................30 克

🥣 步骤

1. 冷藏的黄油切小块，加入低筋面粉、糖粉。

2. 用手搓成颗粒状。

3. 加全蛋液，用手揉匀。

4. 继续揉成团，盖上保鲜膜，放入冰箱冷藏 20 分钟。

5. 冷藏好的面团取出，分成 6 份，面板上撒面粉，将每份面团擀薄。

6. 用模具或碗压出直径约 9.5 厘米的圆形。

7. 派皮放入模具中，用叉子扎派皮底部，防止烤的时候底部凸起。

8. 派皮上放入切碎的芒果肉。

9. 制作派皮余下的边角料揉团擀薄，用模具压出花纹。

10. 盖在派上，用叉子按住下面的派皮压紧。

11. 按自己的喜好制作出各种花形，表面刷全蛋液，放入烤箱中层，190℃烤 15 分钟，然后改成 170℃再烤 20 分钟。出炉倒扣在网架上取出。

第6篇

小资美食

只需 5 种原料，就可以制作这款简单且无须烘烤的巧克
力萨拉米甜点。光滑的甘纳许口感，脆脆的消化饼干以及开
心果，带来值得炫耀的快乐！

参考量

2 个

巧克力萨拉米

难易度：🥄🥄🥄

🥣 材料

消化饼干 ......200 克   淡奶油 ....120 克

开心果仁 ....60 克   黄油 ....30 克

黑巧克力 ......260 克   糖粉 ....适量

小贴士

1. 消化饼干和开心果不要擀得太碎，否则切片会不好看。
2. 不建议夏天制作，因为巧克力容易化。

🥣 步骤

1. 将消化饼干放入保鲜袋，用擀面杖压成小块。

2. 将开心果仁放入保鲜袋，用擀面杖压成大颗粒状。

3. 黑巧克力、淡奶油、切小块的黄油全部放入碗中，隔热水融化。

4. 巧克力液中倒入饼干粒和开心果粒拌匀。

5. 倒在保鲜膜上。

6. 卷紧保鲜膜，滚成香肠形状，两头打结扎紧。刚包入的时候表面不平整，多滚几下就会光滑，然后放入冰箱冷藏 4 小时以上。

7. 取出后剥去保鲜膜，裹上糖粉，切片食用。

做豆浆剩下的豆渣也是宝，用它做素肉松，真的可以以假乱真，拌饭或者佐粥都很香！

自制素肉松

难易度：🥄🥄🥄

🥣 材料

黄豆.............120 克　　老抽.............¼ 小勺

水 ....1000 克　　白芝麻 ....适量

生抽.............1 大勺　　碎海苔片 ....适量

红糖.............10 克

🥣 步骤

1. 黄豆和水放入豆浆机，制作一份豆浆，然后用纱布过滤。

2. 用纱布挤出豆浆，挤得越干越好，后面微波炉加热时间可以缩短一些。

3. 挤干的豆渣中加入生抽、老抽、红糖。

4. 用硅胶刀拌匀，放入微波炉烘干，高火转 2 分钟，取出翻拌，重复 5 次。如果豆渣太湿，加热时间需要延长。

5. 烘干后的素肉松加入白芝麻和碎海苔片拌匀，密封冷藏可保存一周。

小贴士

如果希望"肉松"颜色深些，可以用 20 克黑豆替换 20 克黄豆。

参考量
·············
4 杯

　　木糠杯是一款做法极其简单的甜品，不需要烘焙经验，不需要烤箱，制作时间又短，用几样简单的材料就可以做一份美味的甜点。奶油有了消化饼干的搭配，吃上去一点也不会觉得腻。

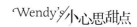
木糠杯

难易度：✏️ ✏️ ✏️

🥣 **材料**

消化饼干.......100 克

淡奶油..........400 克

糖粉...............40 克

蓝莓................适量

玫瑰花茶碎........2 克

小贴士

　　木糠杯须放入冰箱冷藏，吃的时候再取出。

🥣 **步骤**

1. 消化饼干装入保鲜袋，用擀面杖擀成饼干碎屑。

2. 淡奶油加糖粉，打发至八分发左右，有纹路。

3. 将打发好的淡奶油装入 2 个裱花袋，其中一个用于裱花，8 齿花嘴。

4. 杯子中放入一大勺饼干碎屑。

5. 将裱花袋剪个小口，在饼干碎屑上挤出一层奶油。

6. 按照一层饼干碎屑一层奶油的顺序，将杯子装满，表面用抹刀刮平整。

7. 撒上玫瑰花茶碎，用花嘴裱出花形，并放上蓝莓点缀。

地瓜的做法真多，用在烘焙上，会给甜品增加独特的风味。

这款麻薯球口感弹润，口味超赞，真是让人幸福感满满！

地瓜麻薯球

难易度：🥄🥄🥄

参考量
·············
9 个

小贴士

1. 麻薯球烤完不会膨胀得很大，如果觉得小，可做得大些。
2. 土豆淀粉不可以替换成玉米淀粉或其他淀粉。
3. 麻薯球做完趁热吃，冷却后会变硬，需要回炉再烤。

🥄 材料

地瓜..............150 克　　土豆淀粉.......106 克

糖粉.................8 克　　黄油...............15 克

低筋面粉.........42 克

🥄 步骤

1. 带皮地瓜放到垫有锡纸的烤盘上，放入烤箱中层，200℃烤 50 分钟。将烤好的地瓜剥皮压成泥，然后放入碗中，加入低筋面粉、土豆淀粉、糖粉、切成小块的黄油拌匀。

2. 揉成团。

3. 用手搓成小球（如果粘手，可以在手上撒一点土豆淀粉），每个 30 克。放入烤箱中层，200℃烤 20 分钟。

甜甜圈是诱人的甜点，这些年可没少吃。可当我知道它是油炸食品后，就再也没买过。想吃甜甜圈就蒸呗！其实它是可可版馒头甜甜圈，简简单单地蒸，味道是极好的。

小面团一个个搓起来，看着会有些麻烦，但实际操作时还是很快的。

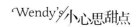

蒸出来的甜甜圈

难易度：🥄🥄🥄

参考量
....
4 个

🥣 材料

中筋粉 ....140 克　　白砂糖 ....15 克　　玉米油 ....4 克

水 ....80 克　　酵母.................2 克　　可可粉 ....3 克

🥣 步骤

1. 所有用料混合揉匀，可选用厨师机中挡揉面 10 分钟左右。

2. 揉好的面团盖上保鲜膜，放烤箱发酵至两倍大。

3. 面团取出，分成每个 6 克的小剂子。

4. 面团分别搓圆，每 8 个小球围成一个甜甜圈，放在蒸笼布上。在做一个甜甜圈时，其余面团要用保鲜膜盖好，防止干裂。待二次发酵至两倍大时，放入蒸锅冷水上锅，中火隔水蒸 18 分钟，关火后再闷 5 分钟开盖出锅。

青团居然还可以烤？咸蛋黄青团和肉松小贝合体，这个组合简直不能更魔性了，不红也得红啊！长得像个青团，捏起来却很酥软，其实外皮就是麻薯。

咸蛋黄＋肉松＋海苔＋芝麻的内馅，沙沙的口感带着咸蛋黄的颗粒，完全不会油腻。改变传统青团用艾叶的制作方式，烤青团用了大麦若叶，吃多了也不会腻。热的咸蛋黄、肉松配上烫嘴酥软的麻薯外皮，一口咬下去，又香又满足。

网红烤青团

难易度：／／／

参考量
....
8个

小贴士

1. 烤青团刚出炉时外皮是软的，冷却后外皮脆硬但是口感非常有韧性，食用时也可以用微波炉加热30秒，外皮就又软糯了。

2. 肉松馅比较松散，每次挖一大勺肉松需要用手压紧，轻震几下倒扣到油纸上，再把馅放到皮中。我喜欢吃松散的肉松，如果希望馅料湿润些，可以多加色拉酱。

🥣 材料

麻薯粉............100 克

黄油...............25 克

全蛋液...............17 克

牛奶...................54 克

大麦若叶粉..........3 克

咸蛋黄..................2 个

素海苔肉松.......80 克

色拉酱...............40 克

🥣 步骤

1. 黄油隔热水融化，冷却待用。

2. **做肉松馅。**咸蛋黄放入烤箱，150℃烤5分钟。取出后用刀背压碎，再切细。

3. 咸蛋黄碎、素海苔肉松、色拉酱混合拌匀。

4. **做麻薯外皮。**麻薯粉、大麦若叶粉、融化的黄油液、全蛋液、牛奶全部混合，揉成团。可用厨师机低速揉制5分钟。

5. 揉好的面团分成8份，每个25克。

6. 面团放在手中压扁，放入一大勺肉松馅包紧，收口往下放在垫有油纸的烤盘中。放入烤箱中下层，175℃烤25分钟。关火再闷5分钟出炉。

奶冻可丽卷

难易度: 🥄🥄🥄

可丽饼被称为法国薄饼，分为甜咸两种口味，甜的可包入奶油，咸的可以包入火腿等。

参考可丽饼做法，用烤箱制作，配以奶冻不容易融化。外形像蛋筒，一口一个食用最为方便，最适合当零食吃，包入水果也是不错的选择！

做卷的过程需要些耐心，俗话说，"慢工出细活"，最美味的点心莫过于亲手制作的啦！

153

🥄 奶冻材料

水 ....100 克   低筋面粉 ....40 克

牛奶 ....100 克   糖粉 ....30 克

🥄 可丽卷材料

黄油 ....40 克   糖粉 ....50 克   低筋面粉 ....45 克

蛋白 ....53 克   可可粉 ....6 克

🥄 步骤

1. **做奶冻。**将水和牛奶混合，筛入低筋面粉和糖粉，用刮刀拌匀，至没有明显颗粒。

2. 过筛一遍。

3. 倒入不粘锅中，小火加热，要边加热边搅拌，防止粘锅。

4. 至稍浓稠时关火，在炉上继续搅拌。

5. 利用余温继续搅拌至浓稠状态，放置在一边冷却，完全冷却后装入裱花袋。

6. **做可丽卷。**将黄油融化成液体。

7. 蛋白中加糖粉，搅打至颜色发白呈粗泡状。

8. 在打发好的蛋白中加入融化的黄油拌匀。

9. 筛入可可粉和低筋面粉。

10. 搅拌成光滑的面糊。

11. 面糊装入裱花袋中。

12. 准备一个硅胶垫，将面糊挤在垫子上。

13. 用抹刀或者勺子压扁，尽量压得薄些，厚的可丽饼卷的时候容易裂开。

14. 放入烤箱中层，160℃烤10分钟（硅胶垫可以放在烤盘上或者直接放在烤网上）。配方中的可丽饼皮一次烤不完，第二次放入由于烤箱有余温，所以烘烤时间可以缩短，烤至面糊表面凝结就可以了。烤完将饼皮分别取出，用锥形模具卷起，再从烤箱中取出下一个。

15. 反过来将接口处压紧。

16. 用20号花嘴将奶冻挤入可丽卷中。

小贴士

1. 奶冻不会融化，但是与饼皮接触时间长，饼皮会变软，所以随吃随挤。不用的奶冻装在袋子中，室温状态下可放置2天。

2. 奶冻可塑性很强，还可以用来裱花。

3. 可丽卷面糊一定要放置在硅胶垫上烘烤，用油纸和油布都会粘。

4. 烤完的可丽饼皮从烤箱一个个取出折叠需要些耐心，如果全部取出放在外面，皮一会儿就硬了，不利于成卷。

西瓜发糕

难易度：🥄🥄🥄

西瓜发糕并不含有西瓜，而是因为它的造型如西瓜爆裂开来。这款西瓜发糕用的是可食用的红曲粉和抹茶粉。单纯的发糕味道就不错，有了它们的加入，味道好吃了十倍还不止。

发糕用了泡打粉，降低了难度，几乎人人都可以做出开花效果！

参考量

·····················

6.5cm 纸杯 4 个

🥣材料

低筋面粉.......148 克	水 ....135 克	抹茶粉 ....0.5 克
细砂糖 ....60 克	抹茶粉 .... ¼小勺	热水 ....1 大勺
泡打粉 ....6 克	红曲粉 .... 2 小勺	熟黑芝麻 .... 适量

步骤

1. 将低筋面粉、泡打粉、细砂糖在大碗中混合，用手动打蛋器拌匀。

2. 倒入水，拌匀至没有颗粒，静置 20 分钟。

3. 另外准备两个小碗，分别放入两大勺面糊。

4. 大碗中放入红曲粉，其中一个小碗放入¼小勺的抹茶粉。

5. 将红曲面糊倒入纸杯，至 7 分满。

6. 用勺子舀入白色面糊，可用硅胶刀推开，让白色面糊面积大一些。

7. 最后再舀入抹茶面糊，同样用硅胶刀推开。

8. 0.5 克抹茶粉加 1 大勺热水，拌匀成浓稠状抹茶液。

9. 用筷子蘸抹茶液，在面糊上画出西瓜皮纹路。锅中水烧开，将面糊隔水蒸 20 分钟即可。出锅撒黑芝麻点缀。

小贴士

泡打粉是开花的关键，不要随意减量或替换成发酵粉，也不要使用开封时间过久的泡打粉，否则会影响开花效果。

核桃具有健脑益智、抗衰老、降血糖等功效，其营养价值极高，秋冬季是吃核桃的最佳时节。

核桃生食涩味重，但让它裹上香浓的焦糖，就会香酥可口，回味无穷。焦糖和核桃简直是天作之合，连不爱吃核桃的小朋友都一口一个地意犹未尽！

参考量

....

7个

焦糖核桃酥

难易度：🥄🥄🥄

🥣 材料

核桃仁 ....80 克
白砂糖 ....30 克
水 ....1 大勺

黄油 (用于核桃)16 克
低筋面粉 ....125 克
糖粉 ....55 克

冷藏黄油 ....58 克
全蛋液 ....30 克
全蛋液（刷表面）适量

🥣 步骤

1. 将低筋面粉、糖粉、切小块的冷藏黄油放入盆中。

2. 用手搓成颗粒状。

3. 加入全蛋液，揉成光滑面团，包保鲜膜，放入冰箱冷藏 30 分钟。

4. 冷藏期间做焦糖核桃。把核桃仁放入烤箱中层，180℃烤 5 分钟。

5. 烤好后取出放入保鲜袋，用擀面杖压碎待用。

6. 锅中放入白砂糖和水，煮至 170℃离火，中间不要搅拌。

7. 放入 8 克黄油，快速拌匀至黄油融化，再倒入核桃碎拌匀。冷却后，用擀面杖敲碎粘连在一起的核桃，再倒入剩余融化的黄油拌匀。

8. 取出冷藏好的面团，放在两张油纸中间，用擀面杖擀成 0.3cm 厚的长方形。

9. 用刀切割成 6cm×15cm 的三角形。余下的面团可以揉匀继续使用。

10. 面团上刷全蛋液，撒上核桃仁卷起，放入垫有油纸的烤盘中。

11. 表面刷全蛋液，放入烤箱中层，180℃烤 20 分钟。

第 7 篇

冰品饮料

参考量
⋯⋯⋯⋯⋯⋯
500ml

养颜排毒绿色果蔬汁

难易度：

体内蓄积毒素不仅会危害身体健康，还会引发肌肤问题，从而影响容颜。排毒方法有很多，食疗排毒是简单易行的方法之一。想要食疗排毒，果蔬汁可谓不错的选择。

一杯绿色果蔬汁，包含 5 种蔬果，口感更像是青苹果汁。

材料

羽衣甘蓝..10 片叶子　　　黄瓜.................1 根　　　西芹.............450 克

苹果.................1 个　　　柠檬.................½个

步骤

1. 所有食材洗净切块，苹果和柠檬要去皮。

2. 全部材料放入原汁机榨出果汁即成。

纤体果蔬汁

难易度：

参考量

·············

500ml

这道果蔬汁是我强力推荐的，口感真的很不错！

别以为加了紫甘蓝，果蔬汁的味道就会怪怪的哦！其实紫甘蓝很清甜呢，而且口感也不会涩涩的，营养价值又高，富含维生素 C、维生素 E 和 B 族维生素以及花青素等，很适合高血压、糖尿病患者食用。

生姜中蛋白质、脂肪、膳食纤维、维生素的含量很高，有着抗氧化和清除自由基的作用。

香梨、柠檬、黄瓜都含有丰富的维生素 C 和纤维素，可以帮助排便，并清除体内毒素，排毒的效果一级棒，喝了自然能美肤瘦身，有效促进代谢。想要拥有窈窕好身材，多喝纤体果蔬汁准没错！

🥣 材料

紫甘蓝 .... ¼棵　　　柠檬 .... ¼个

黄瓜 .... 1 根　　　生姜 .... 1 小片

香梨 .... 5 个

🥣 步骤

1. 所有食材洗净切小块，柠檬和梨去皮。

2. 全部材料放入原汁机榨出果汁即成。

自己动手做焦糖冰激凌会是什么口感呢？我在烤炼乳的时候也非常期待，冰激凌拿出烤箱的那一刻，焦糖香味扑鼻，让我忍不住偷吃。冷冻后焦糖味道更是香醇，口感细腻。

挖个冰激凌球放到咖啡上，秒变雪顶咖啡，超好玩。

焦糖冰激凌

难易度：🥄🥄🥄

🥣 材料

炼乳.............150 克

淡奶油 ....300 克

朗姆酒 ....1 大勺

小贴士

冰激凌中没有用到糖，炼乳是甜的，烤过后甜度会降低，与淡奶油混合后也会降低甜度。

🥣 步骤

1. 炼乳倒入一个耐热容器中。

2. 加盖锡纸，防止烘烤时上色过深。

3. 放入烤盘，烤盘内加水，超过耐热容器中炼乳的高度。

4. 烤盘放入烤箱中层，水浴法烤制，220℃烤 1 小时左右，一直到炼乳表面出现焦糖色，其间水位降低时需要及时补充。

5. 烤好的炼乳搅拌几下，让颜色更均匀，此时焦糖味已经非常浓郁。

6. 炼乳中加入 1 大勺朗姆酒，搅拌均匀待用。

7. 淡奶油打发至有纹路。

8. 打发好的淡奶油中加入炼乳，混合拌匀。放入模具，冷冻 3 小时以上。

抹茶雪糕可以算得上夏天冰品里的头号小清新，浅绿色带来视觉上的温柔，又带着一种透心凉的清爽，口感浓郁，每一口都回味无穷，"冻"感十足！

在家做雪糕就不必拘泥于条条框框啦，还可以有很多组合、很多口味哦！

抹茶双色雪糕

难易度：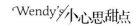

🥣 原味材料

淡奶油 ....160 克　　　糖粉 ....16 克

🥣 抹茶味材料

淡奶油 ....160 克　　　抹茶粉 ....4 克　　　糖粉 ....16 克

🥣 步骤

1. **做原味雪糕糊。**淡奶油加糖粉，打发到五分发左右呈可以流动的状态，装入裱花袋中。

2. **做抹茶味雪糕糊。**淡奶油和糖粉放到碗中，筛入抹茶粉，用电动打蛋器打发至五分发左右呈可以流动的状态，装入裱花袋中。

3. 两份雪糕糊同时挤入模具中。

4. 也可以分别挤入模具。

5. 还可以在模具底部画上抹茶线条，再挤入原味雪糕糊。

6. 插入雪糕棒，轻震几下模具，让底部空隙填满雪糕糊。

7. 用小抹刀将表面刮平整，放入冰箱冷冻，隔天脱模。

参考量

....

4 根

小贴士

1. 糖粉甜度可以根据自己的喜好增加或减少。

2. 装完雪糕糊的模具轻震次数不用过多，否则会把底部拼接处的花纹震乱。

3. 插入雪糕棒时尽量往上抬，免得戳到底部的奶油。

4. 喜欢巧克力味的可以等量换可可粉，口感也不错。

奥利奥冰激凌夹心蛋糕

夏天绝不能错过的就是冰激凌蛋糕，自己做冰激凌不用生蛋黄，冷冻过程中不需要拿出来搅拌，省时省事。

奥利奥夹心提升了冰激凌的口感，奶香中透着巧克力的味道，醇厚无冰碴！

参考量

· ·

24.5cm×14.5cm
蛋糕1个

🥣 蛋糕材料

黄油..............35 克	白砂糖..........125 克	可可粉............12 克
牛奶..............54 克	水饴..................8 克	
全蛋液..........170 克	低筋面粉.......128 克	

🥄 冰激凌夹心

淡奶油..........250 克	炼乳................80 克	奥利奥饼干......50 克

🥣 步骤

1. **做可可蛋糕**。黄油加牛奶，用微波炉高火加热 1 分钟，至黄油融化，取出拌匀待用。

2. 全蛋液加白砂糖、水饴，高速打发至提起打蛋头，划过蛋糊表面有痕迹并且不会马上消失。再低速打两分钟，整理气泡。

3. 筛入低筋面粉和可可粉，从底部翻拌均匀，不要过度搅拌，防止消泡。

4. 再倒入黄油糊拌匀。

5. 面糊倒入模具，轻震几下，使其表面平整。放入烤箱中下层，160℃烤 40 分钟。

6. 烤好后的蛋糕冷却后切成三片。

7. **做冰激凌夹心**。饼干放入保鲜袋中，用擀面杖压碎，饼干中的奶油不用去除。

8. 淡奶油打发至硬性有清晰的纹路。

9. 加入炼乳和饼干碎拌匀。

10. 模具内垫上保鲜膜，放入一片蛋糕。

11. 再放入淡奶油糊，用硅胶刀刮平整。

12. 依次把后面的蛋糕和淡奶油糊铺好，盖好保鲜膜，放冰箱冷藏 3 小时以上再切开。

参考量
....
8根

最幸福的瞬间就是从室外回到家中，冰箱门一开，冷气扑面而来，映入眼帘的都是冰激凌。无论何时，冰激凌的存在都让人身心轻松。

各种好吃的冷饮做起来。如果喜欢奥利奥口味的冰激凌，那么你在做冰激凌夹心蛋糕时可以多准备些冰激凌馅，一次做两种甜品也省事，奥利奥与冰激凌真是天作之合！

奥利奥糖果冰激凌

难易度：✐✐✐

🥣 冰激凌材料

淡奶油 ....250 克 炼乳...............80 克 奥利奥饼干......50 克

🥣 装饰材料

巧克力 ....80 克

🥣 步骤

1. 奥利奥饼干放入保鲜袋中，用擀面杖压碎，饼干中的奶油不用去除。

2. 淡奶油打发至硬性有清晰的纹路。

3. 加入炼乳和饼干碎拌匀。

4. 淡奶油糊装入裱花袋，挤在雪糕模具中，放入冰箱冷冻 3 小时以上。

5. 巧克力隔水加热至融化。

6. 取一勺巧克力放在大理石台面上。

7. 用小抹刀来回抹开。

8. 待表面摸上去不粘时，用铲刀向前铲起。

9. 铲的时候左手压住铲刀一角，右手用铲刀将巧克力铲下来，要一气呵成。完成的巧克力插片放在冰箱冷藏，待冰激凌冷冻后，再一同取出装饰即可。

如何避暑根据你的爱好决定：大众版是空调 WiFi 冷饮，还有某某躺的同款沙发，典型的夏天标配；升级版则可以任性起来，唤来朋友在空调房里做个蛋糕，不仅避暑，还能发 N 条朋友圈，分享美好生活。

猜猜这个"小鲜肉"会有多少赞，不用我说，还唤来了一批升级版朋友。

赶紧的，搬好小板凳学起来啦。

多肉白巧慕斯蛋糕

难易度：/ / /

🥣 蛋糕材料

蛋黄.............38 克	玉米油...........20 克	细砂糖（加入蛋白）
细砂糖（加入蛋黄）	牛奶.............23 克	................21 克
...............5 克	蛋白.............64 克	低筋面粉........36 克

🥣 慕斯材料

35% 白巧克力 70 克	淡奶油..........400 克	糖粉.............适量
牛奶.............80 克	吉利丁片..........5 克	

🥣 多肉材料

香蕉.............75 克	凉开水...........80 克	饼干.............80 克
黄瓜...........160 克	吉利丁粉........25 克	色素.............适量
细砂糖..........70 克	食用甘油..........8 克	

🥣 多肉制作步骤

1. 吉利丁粉放入凉开水中，用刮刀拌匀，静置 15 分钟。

2. 香蕉和黄瓜榨成汁，倒入小锅中，加细砂糖、吉利丁液，小火加热，边加热边搅拌，至融合离火，不要加热过久，也不要至沸腾，否则会破坏吉利丁的凝结度。

3. 加入食用甘油、适量色素拌匀。

4. 液体过筛到量杯中。

5. 倒入硅胶模具中，放入冰箱冷冻一晚。

🥄 蛋糕制作步骤

1. 蛋黄加细砂糖，用手动打蛋器打发至颜色发白。

2. 加入玉米油，搅拌均匀。

3. 加入牛奶，搅拌均匀。

4. 筛入低筋面粉拌匀，制成蛋黄糊，放一边备用。

5. 细砂糖分三次加入蛋白中，用电动打蛋器打发至可以拉出直的小尖角。

6. 蛋黄糊分两次加入蛋白糊中。

7. 用硅胶刀轻轻拌匀，不要过度搅拌，防止消泡。

8. 放入 6 寸模具中，轻震几下，让面糊流淌平整。放入烤箱中下层，140℃烤 50 分钟。

9. 烤好的蛋糕从 20 厘米高处往桌上狠狠震几下，可以有效防止回缩，倒扣冷却后脱模。

10. 蛋糕切出约 1 厘米厚的薄片，中间用碗或模具压出空心，呈花环状。

🥄 慕斯制作步骤

1. 吉利丁片放入凉开水中泡软。

2. 牛奶倒入锅中，小火加热至沸腾离火，放入吉利丁片均匀混合。

3. 倒入切碎的白巧克力，搅拌至融化。

4. 淡奶油加糖粉，打发至五分流动状态。

5. 白巧克力液倒入打发好的淡奶油中，用硅胶刀搅拌均匀。

6. 混合后的慕斯液全部倒入模具中，最后再铺上一块蛋糕片，入冰箱冷藏6小时或一晚上。

🥄 组装步骤

1. 将饼干放入保鲜袋中，用擀面杖压碎。

2. 蛋糕从冰箱中取出脱模，用勺子把饼干碎放入蛋糕的凹槽中和慕斯外围一圈，放入冰箱继续冷冻。

3. 取出多肉，快速脱模，放在油纸上。此时的多肉上会有一层白色的霜。再把多肉摆放到蛋糕上，继续冷冻至食用。

─ 小贴士 ·

1. 色素根据个人喜好添加，也可以不加。

2. 多肉脱模后表面会有一层白霜，非常漂亮。室温放置时白霜会消失，只要把用多肉装饰好的蛋糕放入冰箱冷冻片刻再取出，就会又有白霜了。

3. 多肉加入黄瓜，更好地还原了多肉植物的清香味。还可以添加其他颜色的果蔬，但是猕猴桃不可以用，它会分解吉利丁，导致无法凝固。

第 8 篇

和风小点

落雁果子属于干果子，这么文艺的名字令人遐想。其实它是一种以黄豆粉和糖为主料制作的甜点，松软绵密，口感细腻，配以抹茶品尝，无论何时都深受人们的喜爱！

落雁果子

难易度：/ / /

材料

熟黄豆粉 .... 75 克 　　水饴 .... 10 克

糖粉 .... 95 克 　　矿泉水 .... 10 克

步骤

1. 水饴和矿泉水混合成糖水待用。

2. 糖粉过筛，放入一个空碗中。

3. 加入糖水，混合拌匀。

4. 筛入熟黄豆粉，用手搓匀。

5. 再次过筛，此时的粉非常厚实，可以用硅胶刀按压过筛。

6. 准备一个小点的模具，方便脱模。

7. 将模具中装满黄豆粉混合物，用手压紧。

8. 表面多余的粉用刮板刮去。

9. 擀面杖轻敲模具左右两侧，使果子边缘与模具之间露出缝隙。

10. 倒扣脱模，室温状态下一天即可风干，或者放入烤箱，45℃烘 4 小时。

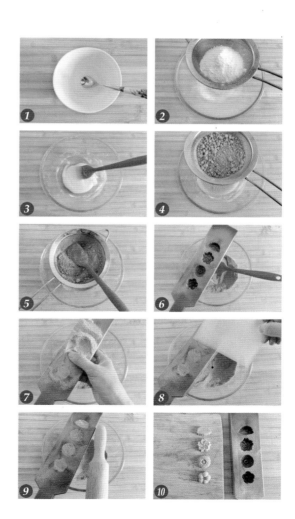

日式松风

难易度

松风不含油脂，主要是把蛋糕和羊羹堆在一起
完成，各地的做法也不大相同。

松风所用材料非常简单，上手快，成功率也高。

参考量

11cm×14cm
蛋糕1个

🥄 蛋糕材料

| 细砂糖 ....65 克 | 淡口酱油 .... ½小勺 | 小苏打 ....1 克 |
| 全蛋液 ....20 克 | 水 ....28 克 | 低筋面粉 ....45 克 |

🥣 羊羹材料

| 寒天粉 ....4 克 | 水 ....135 克 | 红豆沙 ....280 克 |

🥄 步骤

1. **做蛋糕**。细砂糖和全蛋液混合均匀，充分乳化。

2. 加入淡口酱油拌匀。

3. 将水和小苏打混合溶解，再倒入碗中拌匀。

4. 倒入低筋面粉继续拌匀，无须过筛。

5. 蛋糕糊倒入垫有油纸的模具中，冷水上锅，隔水蒸 25 分钟。

6. **做羊羹**。寒天粉、水放到锅中小火加热，用硅胶刀拌匀。

7. 煮沸后加入红豆沙拌匀，至呈流动的液体状时离火。

8. 红豆沙液倒在烤完的蛋糕上。

9. 表面晃平整，室温状态下凝固，脱模切块。

小贴士

1. 淡口酱油是日本产的，可用生抽代替。

2. 寒天粉必须是日本产的，国产琼脂粉、布丁粉、果冻粉都不可以代替，产地不同凝结的效果不一样。我用的寒天粉一个小时内已经完全凝固。

3. 红豆沙是买来的，带有甜度，如果是无糖红豆沙，可在第 6 步做寒天液时加入适量白砂糖。

难易度: **///** **浮岛**

有一座甜蜜的岛，是最轻盈最美味的，它是世界上最小的岛屿，漂浮在我们的口中。

它就是浮岛，一款日式果子，用白豆沙混合蛋白打发制作而成。白豆沙中仿佛被填入了空气般，口感松软细腻，吃起来非常湿润，衬托出白豆沙的香味。

绿色代表岛屿，名字也特别有意境，犹如一座岛飘在空中。一口口品味，心情也随之漂浮起来！

参考量

....

11cm x14cm 蛋糕 1 个

🥄 材料

白豆沙 ....205 克　　低筋面粉 ....14 克　　细砂糖（加入蛋白）20 克

鸡蛋.................2 个　　糯米粉 ....12 克　　抹茶粉 .... 1 小勺

盐 .... ¼ 小勺　　细砂糖（加入蛋黄）5 克　　巧克力 .... 适量

🥄 步骤

1. 模具内垫上油纸，蒸锅加水，中火煮开。

2. 蛋白、蛋黄分离。蛋黄加白豆沙，用硅胶刀拌匀。

3. 再加入细砂糖和盐，继续搅拌至没有明显的颗粒。

4. 筛入低筋面粉和糯米粉。

5. 将其拌匀成蛋黄糊备用。

6. 蛋白加细砂糖，用电动打蛋器打发至可以拉出小尖角。

7. 蛋白糊分两次倒入蛋黄糊中，拌匀。

8. 取出一半的面糊，筛入抹茶粉，拌匀。

9. 抹茶面糊先倒入模具中，用硅胶刀刮平整。

10. 再倒入白色面糊，用硅胶刀刮平整，面糊不要震动，防止两种颜色混合。

11. 模具放入烧开的锅中，锅盖留缝隙，隔水蒸10分钟，然后盖盖子再蒸20分钟，全程中火。

12. 取出切块。

13. 巧克力隔水融化，牙签蘸巧克力画出图案即成。

和果子夏叶

难易度 ✐✐✐

参考量
·············
15 个

在日本，随处可见各种精致的果子。

盛器很美，摆盘很美，果子更美！心情也变得美美哒！

和果子与其说是点心，不如说是日本传统艺术品，精致的造型表现了人们对食物之美的追求。和果子其实泛指日式糕点，种类很多，根据含水量不同可以分为生果子、半生果子、干果子等，多数用豆沙做馅料，利用各种工具将四季、历史文化等元素表现在和果子上。

现在也可以在网店买到各种制作和果子的食材和工具，这样我们在家就能轻松制作日本和果子了！

🥣 外皮材料

白豆沙 ....600 克	水 ....16 克
白玉粉或糯米粉20克	绿色色素 ....适量

🥣 外皮步骤

1. 白玉粉或糯米粉加水揉成团，直到面团不干裂成团为止，水的用量仅供参考。

2. 烧一锅水，沸腾后放入压扁的白玉团。

3. 待水中的白玉团浮起后，再煮2分钟左右，捞出沥水备用。

4. 外皮材料中的白豆沙放在碗中。

5. 盖厨房纸，用微波炉高火转5分钟。

6. 加热过程中要取出翻拌两次，让白豆沙充分受热，最后取出的白豆沙表面泛白。

7. 加热好的白豆沙中放入白玉团。

8. 用硅胶刀压拌均匀。

9. 一直到所有豆沙聚拢在一起，颜色泛白，变得细腻，这个过程需5~10分钟。

10. 外皮揪成小块，放在烘焙纸上，然后迅速揉成团再揪小块，直到低于手温，其目的是让外皮快速冷却，需3次左右。

11. 做完的外皮用保鲜膜包紧。

12. 取适量外皮，分别放入粉、黄色素。

13. 揉成团。

14. 所有外皮染完颜色都要用保鲜膜包紧，防止干裂。

🥣 馅料

白豆沙 ....250 克

🥣 馅料步骤

白豆沙馅分成 15 克一个，每个搓圆。

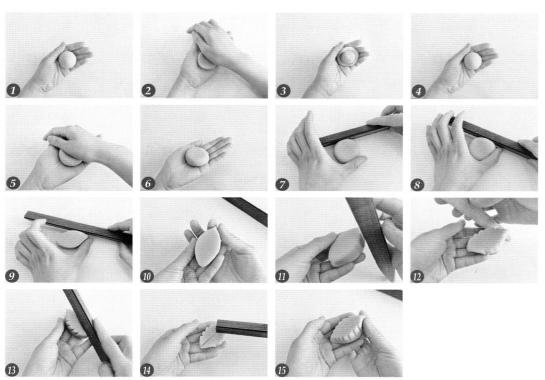

🥣 和果子夏叶步骤

1. 取 20 克绿色面团。

2. 面团放于手掌中，用手压扁。

3. 包入 15 克白豆沙馅。

4. 包好后将面团搓圆。

5. 放于手掌中，用手压扁。

6. 此时的厚度约为原来的⅔。

7. 用三角棒压住面团左边。

8. 从左至右按压面团。

9. 然后把面团 180° 转个方向，继续用

三角棒从左到右按压面团整形，一直整形成叶子形状。

10. 把其中一头捏尖。

11. 用三角棒在叶子一边切割出纹路。

12. 叶子另一边也切割出纹路。

13. 三角棒在叶子中间位置压出一条叶脉。

14. 继续用三角棒压出其他的叶脉。

15. 最后用手在叶子尾部捏压整形。

和果子银杏

难易度：／／／

🥣 外皮材料

白豆沙 ....600 克

白玉粉或糯米粉.....20 克

水 ....16 克

黄色色素 ....适量

🥣 馅料

白豆沙 ....250 克

🥣 步骤

1. 外皮制作参考和果子夏叶（见 P.188）。

2. 外皮包馅搓圆，用手整形成水滴状。

3. 尾部用手捏薄。

4. 三角棒垂直于和果子外侧。

5. 由外至内压出纹路。

6. 两个叶脉呈扇形排列。

7. 用三角棒在叶子边缘压出形状。

8. 用牙签压出小圆点，再用针划出纹路。

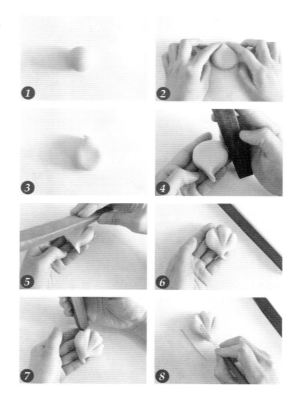

和果子水仙

难易度: 🥄🥄🥄

参考量
·············
15 个

🥄 **外皮材料**

白豆沙 ....600 克　　水 ....16 克
白玉粉或糯米粉20 克　　黄色色素 ....适量

🥄 **馅料**

白豆沙 ....250 克

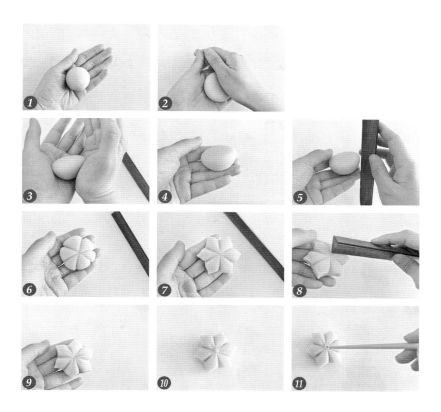

🥄 步骤

1. 外皮制作参考和果子夏叶。取 20 克面团包入 15 克白豆沙馅，搓圆。

2. 放于手掌中，用手压扁。

3. 双手托住整形。

4. 直到呈小碗形状。

5. 用三角棒由下往上压花瓣。

6. 一共分成 6 瓣。

7. 每个花瓣用手捏出形状。

8. 在每瓣中间用三角棒轻轻压出花茎。

9. 依次在花瓣上压出花茎。

10. 取一小块黄色面团搓圆，放入和果子中心。

11. 用筷子压住面团往下压，戳一个洞，花蕊就完成了。

和果子玉菊

难易度：／／／

🥣 外皮材料

白豆沙 ....600 克

白玉粉或糯米粉.....20 克

水 ....16 克

绿色色素 ....适量

粉色色素 ....适量

黄色色素 ....适量

🥣 馅料

白豆沙 ....250 克

参考量
....
15 个

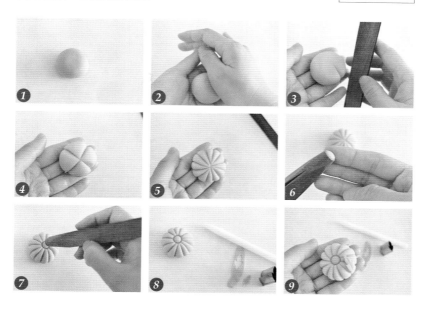

🥣 步骤

1. 外皮制作参考和果子夏叶。

2. 用 20 克外皮包 15 克馅料搓圆，用手整形，稍压扁。

3. 用三角棒压出花瓣。

4. 先压出 4 瓣。

5. 再在每瓣上平均压出 2 刀。

6. 取一小块黄色面团，放入三角棒菊芯模中。

7. 三角棒放在玉菊中心，轻压后拔起。

8. 绿色面团擀平，用叶子切模，刻出叶子。

9. 叶子斜贴在玉菊侧面，用三角棒压出叶脉。

和果子柿子

难易度：✎ ✎ ✎

✔ 外皮材料

白豆沙 .... 600 克

白玉粉或糯米粉 .... 20 克

水 .... 16 克

橙色色素 .... 适量

✔ 馅料

白豆沙 .... 250 克

参考量

....

15 个

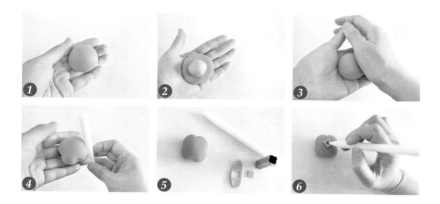

✔ 步骤

1. 外皮制作参考和果子夏叶。

2. 取 20 克外皮包 15 克馅，搓圆。

3. 用手整形，稍压扁。

4. 用造型棒压出形状。

5. 绿色面团擀薄，用柿子叶模压出形状。

6. 绿色叶子面团放在柿子果子上，用造型棒按压紧。

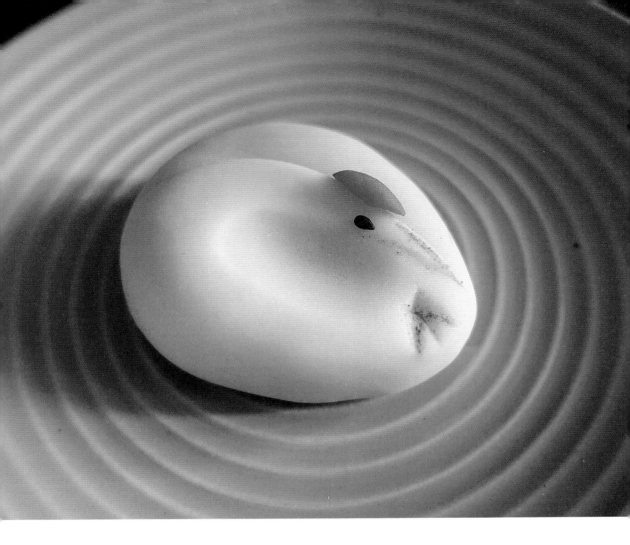

和果子千代鹤

难易度：/ / /

外皮材料

白豆沙 ....600 克　　水 ....16 克

白玉粉或糯米粉.......20 克　　红色色素..........适量

馅料

白豆沙 ....250 克

辅料

黑芝麻 ....适量　　　肉桂粉 ....适量

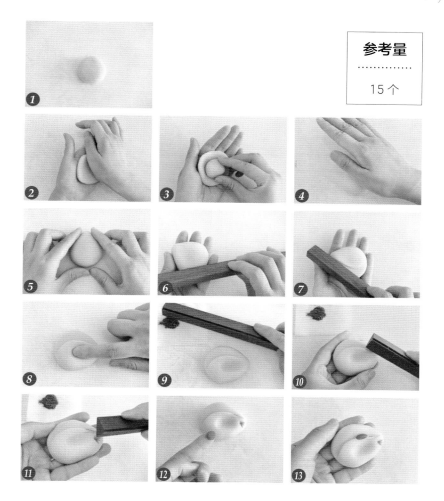

参考量

··············

15 个

步骤

1. 外皮制作参考和果子夏叶。

2. 取 20 克白色面团，放于手掌中，用手压扁。

3. 包入 15 克白豆沙馅，搓圆。

4. 用手掌轻轻压扁面团，此时厚度约为原来的 ⅓。

5. 用双手把面团整成水滴状。

6. 面团放在手上，用三角棒按压住面团右侧。

7. 三角棒侧面紧贴面团，从右往左切割。

8. 食指放在面团上，在与鹤嘴形成尖角位置处按压，做出鹤的脖子。

9. 三角棒蘸少许肉桂粉。

10. 在面团上画出鹤嘴。

11. 再画出尾巴。

12. 取少许红色面团，搓圆压扁。

13. 稍对折，放在鹤头部位置，最后放上黑芝麻当眼睛。

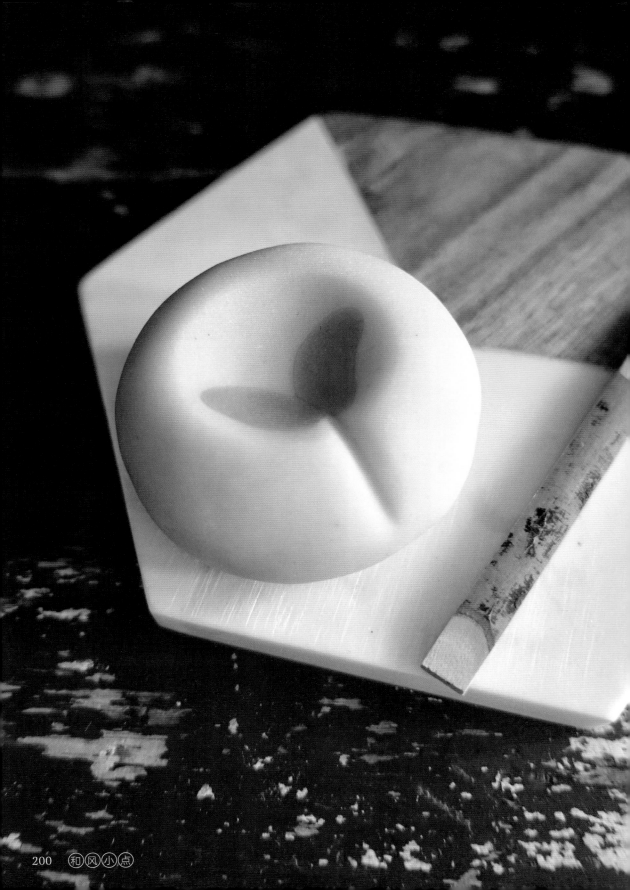

Wendy's Delicate Dessert

我认识的 Wendy 温柔美丽，做事不急不躁，讲究细致。这本书是她用心制作的，希望你和我一样都爱上这本书，同时祝愿新书大卖！

——飞雪无霜

美食博主，新浪美食大 V，美食书作家

Wendy 是一个温柔的女子，细声细气的语调让人觉得她做甜品时也是优雅而从容的。对于烘焙的执着使得她在这个专业领域中也越来越优秀。相信她的这本书会带给你更多的知识，带你一起体验做美食的那一份喜悦与热情。

——四季芭比

美食博主，美食撰稿人，美食达人，
上海东方广播电台 FM89.9 "今天吃什么" 嘉宾主播

如果有机会和 Wendy 相见，你一定会喜欢上她，不仅仅是因为她的手作甜点看起来秀色可餐，更是因为她本人温柔、坦诚，性格温和。我每天都在和学员接触，很多学员都是从零基础开始学习烘焙，一些美食图片看起来很有诱惑力，但动手制作就会出现各种问题。Wendy 老师严谨的思路、温柔的指导总能为学员们找到解决问题的方法。这本书会为你打开烘焙世界的大门哦！

——翻糖蔡

翻糖蔡工作室创始人

对本书出版给予帮助的还有奚文瑾、杨柳青青、张海霞、毛劼毅、金晶、赵吉、祝黎等，在此一并表示感谢！

和果子萌芽

难易度： ✎ ✎ ✎

🥣 外皮材料

白豆沙 .... 600 克　　　水 .... 16 克

白玉粉或糯米粉 ...... 20 克　　　绿色色素 .... 适量

🥣 馅料

白豆沙 .... 250 克

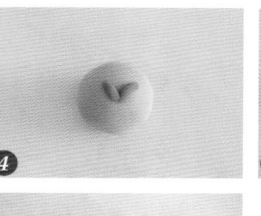

参考量
....
15 个

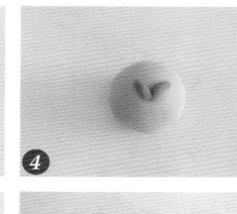

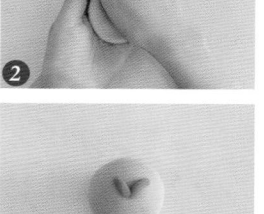

🥣 步骤

1. 外皮制作参考和果子夏叶。

2. 取 20 克绿色面团，放于手掌中，用手压扁。

3. 包入 15 克白豆沙馅，搓圆。

4. 取深绿色面团约 0.3 克，一分为二，每个搓成叶子长条，放在面团上靠边缘位置。

5. 用蛋模压出凹槽。

6. 使两片叶子完全贴合在凹槽中。

7. 用三角棒压出叶茎。